makeup &
wedding makeup

Profile

역자 약력

최 민 령

- 현) CML뷰티디자인센터 원장
- 국민대학교 국사학과 졸업
- 크리스티앙 쇼보 아티스틱 메이크업 전문학교 수석졸업
- 건국 대학교 디자인대학원 디자인 석사졸업
- 원광 대학교 일반 대학원 뷰티 디자인전공 박사졸업
- 남부대학교, 수원여자대학교, 서원대학교, 원광대학교 강의역임

김 용 선

- 현) 수원여자대학 미용예술과 교수
- 건국대학교 의류학과 박사수료
- 한성대학교 예술학 석사졸업
- MBC 방송국 영상 미술부 근무
- 한국 방송 분장 연합회 회원

이 상 은

- 현) 수원여자대학 미용예술과 교수
- 한성대학교 예술학 석사졸업
- 원광대학교 생활과학대학 미용학 박사과정
- 오스트리아 W.B.P.A Acadmey 'World Body Painting Association'
  바디페인팅, 에어브러시 과정 수료

안 진 정

- 현) 수원여자대학 미용예술과 교수
- MBC분장실 근무
- 예랑분장 근무
- 건국대 디자인대학원 석사졸업
- 건국대 생명공학과 향장학 박사과정

makeup & wedding makeup

by robert jones

최민령 · 김용선 · 이상은 · 안진정 옮김

도서출판 예림

FAIR WINDS PRESS
GLOUCESTER, MASSACHUSETTS

Text ©2005 by robert Jones with Lisa Bower and Patricia Young

First published in the USA in 2005 by
Fair Winds Press
33 Commercial Street
Gloucester, MA 01930

09 08 07 06 05 1 2 3 4 5
ISBN 1-59233-182-3

Library of Congress Caaloging-in-Publication Data available

Cover and book design by Holtz Design
Hair and makeup by Robert Jones accompanied by Susie Jasper
Representation by Seaminx Artist Management, www.seaminx.com
Produced by tiffany Mullen, Elaine Moock, and Sunni Smyth
Fashion photography by Jeff Stephens
Fashion styling by Barri Martin, Deborah Points, Chad Curry, and Amy Simmonds (assistance stylist)
Still-life photography by Fernando Ceja and Cindy James
Still-life styling by Linda jantzen

편 저 자 : 최민령
발 행 : 2014. 02. 10
발 행 처 : 도서출판 예림
발 행 인 : 석 종 환
등록일자 : 2001. 03. 12
등록번호 : 제 1-2685호
I S B N : 978-89-6475-065-0
주 소 : 서울시 광진구 광장동 184-11번지 한강빌딩 207호
전 화 : (02)921-6045
팩 스 : (02)921-4524
http://www.yelimbook.com

정 가 : 48,000원

머릿말

아름다움이란 단순히 외관을 마치 유명 연예인처럼 뜯어 고치는 것이 아니다. 특히나 요즘은 미인 일색의 사회풍조로 인해 젊은 여성들 사이에 성형이 마치 필수조건인 것처럼 되어버렸다. 진정한 미란 자신의 개성을 살리고 모자라고 부족한 부분에 얼굴의 밸런스를 고려하여 마치 조각가가 조각을 하듯 섬세하게 채워주는 것이다.

아마존(amazon)에서 현재 베스트셀러인 이 책은 메이크업을 처음하는 초보자들에서 전문 아티스트에 이르기까지 폭넓은 메이크업의 상식과 테크닉을 익힐 수 있는 유익한 정보들로 가득하다.

이 책의 저자인 robert jones(로보트 존)은 업계 최고의 메이크업 명장이 된지 10여년이 된 아티스트이다. 2권의 뷰티 관련 서적과 화장기법의 발전에 관한 저술 등 다양한 저술 활동을 하고 있으며 그의 저서들은 미국에서 최고의 판매부수를 자랑하는 브랜드가 되었다.

또한 다양한 메이크업 도구들과 액세서리들을 취급하는 웹기반 회사인 simple beaut 설립, 운영하고 있다.

세릴 크라우, 다이안 캐롤, 딕시스 등 록 스타부터 여배우까지 수 많은 유명 인사들과 잡지 사진 촬영을 하였고 그의 작품들은 Marie, Claire, Allure, In Style, Elle 등과 같은 유명 간행물과 패션 카탈로그에 수록되어 있다. 로버트의 고객들 가운데는 네이만 마르쿠스로드 앤 테일러, 넥서스 등도 있다. 그가 이 책을 쓴 목적은 여성은 모두 아름답다는 것을 깨닫고, 각 연령층마다 각각 가장 아름다운 모습을 가꿀 수 있으며, 참다운 아름다움의 원천인 자존심과 자신감을 북돋아 주고자 함에 있다.

Part 1에서는 메이크업의 기본적인 용어에서부터 많은 제품들이 홍수처럼 쏟아져 나와 전문가들조차도 생소한 전문 제품들에 대한 자세한 설명과 각각의 용도에 맞게 사용하는 방법까지 알려주고 있다. 또한 다양한 얼굴 형태와 눈의 형태를 개성있게 연출할 수 있는 그만의 노하우가 자세히 소개되어 있으며, 60명의 여성들이 메이크업을 하기 전과 후의 모습을 비교하여 보여준다.

Part 2에서는 웨딩에 필요한 메이크업을 단계적이고 체계적으로 다루었다. 시간에 맞는 적절한 메이크업, 사진에 따른 상황, 개인의 특성에 맞는 메이크업, 다양한 메이크업 완성과 패턴을 소개했다.

각자의 모습이 다음의 어느 여성과 비슷한 지를 대입해 저자가 어떤 테크닉으로 완벽한 변신을 만들게 하였는지를 그대로 따라하면 초보자들도 누구나 아름다운 자신만의 매력을 맘껏 발휘할 수 있으리라 생각된다.

끝으로 이 교재가 완성되기까지 물심양면으로 도움을 주신 예림출판사 석종환 사장님과
원고정리와 편집에 정성을 다해주신 임직원 여러분들께 감사드립니다.

이 책을 나의 소중한 사람인, 나를 지켜주시고 미를 사랑하도록 영감을 주신 할머니 Carolyn Walker Scoville과 이 세상에서 나를 가장 믿어주는 Bernardo Aldrete, 격려를 아끼지 않는 Diane Payne. 마지막으로 지금 곁에서 나를 사랑하고 지지해주는 Chip McFadin에게 바칩니다.

1

true**beauty**

아름다움이란

이 책은 당신을 위한 것으로–당신이 누구이고, 어떻게 보이고 싶으며, 어떻게 보일 수 있는 지에 관한 이야기이다. 나는 모든 여성들이 아름답다고 생각한다. 단지 그것을 느끼지 못하고 스스로를 변화시키지 못할 따름이다.

아름답다는 것은 완벽하게 균형 잡힌 얼굴을 말하는 것이 아니다.

분명, 완벽한 외모를 가졌다는 것은 무한한 신의 은총이지만, 내가 메이크업 아티스트로 활동하며 작업했던 여성들 대부분은 그렇게 완벽한 외모를 가진 것은 아니었다. 그러나 몇몇 여성들은 자신의 외모에 대해 정확히 파악하고 내면에 어떠한 아름다움을 지니고 있는지를 표출할 줄 아는 아름다운 여성들이었다. 진정한 아름다움이란 완벽한 균형이 아닌 자신의 개성을 표현하는 것이다. 키가 크거나 작거나, 뚱뚱하거나 날씬하거나, 패션 모델이나 유명 여배우처럼 생기지 않아도 그것은 문제가 되지 않는다. 아름다움은 스스로를 파악하고, 자신감을 가지며 스스로의 매력을 끌어내는 데서 시작된다. 그 중 '자신감'은 진정한 미를 표현하는 가장 중요한 요소이다.

이 책을 쓴 목적은 당신의 내면에 잠재되어있는 아름다움을 끌어내 자신감을 북돋아 주기 위함이다. 메이크업에 대한 수수께끼를 풀어 이해를 돕고 자신의 진가를 발휘하기 위해 재료들을 어떻게 사용하는지에 대해 이야기할 것이다. 어떤 여성들은 메이크업을 잘 하기 어렵다고 생각하지만 이런 선입견을 버리면 사실 간단하다. 그저 올바른 제품을 용도에 맞게 사용하고, 좋은 도구를 사용하고, 올바른 테크닉을 익히면 된다.
무엇보다 가장 중요한 것은 자신이 아름답다는 것을 늘 기억하는 것이라 말하고 싶다. 외모에서 가장 매력적이고 시선을 끌만한 부분을 부각시키면 더욱 아름답게 보일 수 있다.

내가 나의 직업을 사랑하는 가장 큰 이유는 나로 인해 많은 여성들이 변화되는 모습을 보는 것이다. 나이가 어떻든, 반짝이는 눈동자와 건강한 피부를 가졌던 상관없이 자신만의 매력의 광채를 발산하여 사람들의 시선을 끄는 것이 중요하다.

모자라는 것이 충분한 것이다! Less is more

가장 세련된 메이크업은 심플하고 자연스러워 전혀 메이크업하지 않은 것처럼 표현하는 것이다. 메이크업 제품은 신이 주신 얼굴에 매력을 더해주는 것이지 외관을 완전히 바꿔주는 것이 아니다. 자연스러운 메이크업이라는 것은 금방 세안을 하고 나온 것처럼 전혀 하지 않은 것을 말하는 것이 아니다. 메이크업에 표현된 색조가 자신이 가지고 있는 본래의 피부 톤과 조화를 이루고 계절마다 피부 톤이 변화되는 것을 보완해 자연스러운 이미지로 표현하는 것이다. 때로 자신의 피부 톤과 맞지 않는 파운데이션을 선택하고, 인상을 너무 어둡고 튀게 만드는 립스틱 색상을 선택하면서 메이크업을 잘 하려고 애쓰는 여성들을 만난다. 그러므로 '모자라는 것이 충분한 것'이란 개념은 메이크업의 진정한 가치를 설명해준다.

메이크업이란 아름다움을 의미하며, 아름다운 메이크업이란 당신이 선택하고 어느 부위에 표현할 모든 컬러에 관한 이야기이며 절대로 얼마나 많이 칠하느냐가 아니다. 또한 얼굴은 종이처럼 평면이 아니라는 것을 기억해주기 바란다. 얼굴은 일차원의 공간이 아니므로 그런 식으로 표현해서는 안 된다. 메이크업은 예술적인 조형미를 가진 얼굴 위에 가장 아름다운 부분을 강조해 주는 것이다. 이것이 메이크업을 하는 본질이며 목적이다.

당신을 위한 메이크업의 모든 것

Your makeup makeover

아름다움을 표현하기 위한 메이크업에 있어 절대적인 정도는 없다. 아름다움이란 주관적인 것이며, 이 책에서 이야기하는 것 또한 절대적으로 나의 주관적인 견해이다. 대부분의 메이크업 아티스트들은 자신만의 스타일이 있으며, 그 스타일대로 표현한다.

내가 표현하는 메이크업 스타일에 대하여 많은 이들은 '매혹적인 이웃집 여자'의 느낌을 받는다고 하는데, 이는 아름다운 여성이란 다른 사람이 다가갈 수 있도록 친숙함을 주어야 하고 다소 글래머하다고 하여 남들에게 호감을 얻지 못하는 것은 아니라는 나의 생각이 반영되었기 때문인 것 같다. 자신의 스타일에 맞는 메이크업을 선택하는데 도움이 되기를 바란다. 어떤 상황에서든 아름다운 메이크업이란 자신감을 끌어 올리고, 스스로 만족하며, 진정한 아름다움으로 변모시키는 것이다. 이 책을 읽으면서 메이크업에 관한 전반적인 이야기를 재미있게 즐겨주기 바라며, 더불어 자신감을 더하고 더욱 아름답게 변화되기를 바란다.

Makeup is meant to be beautiful, and beautiful makeup is all about the colors you choose and where you place them-naver about how much you put on.

메이크업은 아름다워야 하며, 아름다운 메이크업이란 얼마나 많이 하느냐가 아닌 어떤 색깔을 선택하며 그 색깔들을 어느 위치에 표현할지에 관한 모든 것이다.

_robert jones

2

the**words**

메이크업 용어

메이크업을 잘 하려면 먼저 기본 용어부터 알아야 한다. 메이크업 분야에서 가장 많이 사용되는 용어의 정의를 살펴볼 것이다. 그 용어들을 알고 이해하면 당신은 메이크업의 프로가 될 것이다.

Blush 블러셔 블러셔는 얼굴에 화사한 빛을 띠게 하며 어두운 피부를 밝게 해줄 수 있다. 만약 본래 볼이 자연스럽게 붉은 빛을 가지고 있다면 블러셔를 하지 않아도 된다.

Concealer 컨실러 컨실러는 파운데이션으로 감추지 못하는 모든 것을 감출 수 있는 기적의 제품이다. 모세혈관이나 다크서클, 반점이나 기타 피부의 얼룩을 감추어 준다.

Contour 컨투어 컨투어는 하이라이트의 상반되는 의미이다. 컨투어 색조는 얼굴과 눈 주위에 사용된 밝은 색상과 대비되어 얼굴에 심도와 선명함을 주는 어두운 색조를 나타낸다. 또한 눈 화장을 단계적으로 펴 주는데 있어 포인트를 주는 마지막 단계이기도 하다.

Dewy 듀어 듀어는 섬세한 광택으로 생기있고 홍조를 띤 외관으로 마무리하는 파운데이션을 말한다.

Eye liner 아이라이너 아이라이너는 눈을 또렷하게 만들어 주는 것이지만 필수적인 것은 아니다.

Eyeshadow 아이섀도 아이섀도는 눈의 윤곽을 강조하고 돋보이기 위한 온화한 수성 도료로 또는 더욱 효과적인 색상과 질감의 층으로 사용된다.

Foundation 파운데이션 파운데이션은 피부 톤을 정리하고 결점을 커버하는 기적의 제품이다. 파운데이션의 색은 개개인의 피부 톤에 따라 결정된다. 만약 당신의 피부가 밝고 아름다우면, 파운데이션은 생략하고 밝은 계열의 파우더만 표현하고, 만약 파운데이션이 필요하면, matte(매트, 보송보송한), satin(새틴, 매끄러운)과 dewy(듀어, 촉촉이 젖은 듯 한) 같은 다양한 질감을 선택한다. 만약 당신의 피부가 유분이 많거나 거칠다면 matte를 선택하고, 피부가 중성이거나 건성이면 마무리용으로 아무거나 사용해도 된다.

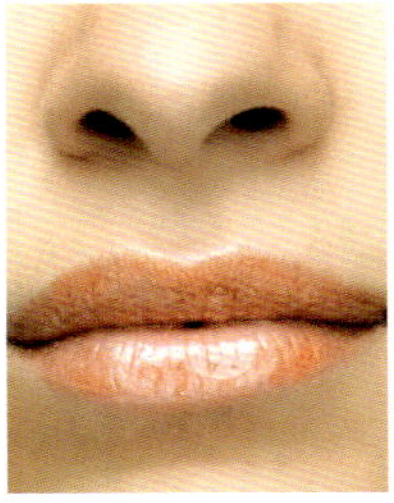

Frost 프로스트 프로스트는 최대의 광채와 빛깔과 관련하며 또한 무지개 빛깔로도 불린다. 활기있고 섹시하며 젊은 피부에 잘 어울린다. 이 용어는 보통 아이섀도와 입술 색깔과 관련하여 사용된다.

Gloss 글로스 글로스는 고광택의 입술색이다. 여러 색을 첨가할 수 있지만 립스틱만큼 오래 가지는 않는다.

Highlight 하이라이트 하이라이트는 컨트롤의 상대적 개념이다. 당신이 강조하고자 하는 특정 부위에 시선을 집중시키는 역할을 한다. 하이라이트는 얼굴의 그늘진 부위에 사용하는 가장 밝은 색조이며 눈 화장시 단계적으로 펴주는데 있어 첫 번째 단계이다.

Lip color 립 컬러 립 컬러는 당신의 전반적인 외관의 분위기를 설정하는 가장 빠른 방법이다. 당신은 색으로 입술을 표현하고 명확한 광택을 표현할 수 있다.

Luminescence 루미네선스/발광 루미네선스/발광는 선명하고 정제된 표정을 만드는 빛 반사 성질의 기초를 의미한다. 빛 반사 성질은 더 젊은 표정을 내기 위하여 얼굴의 표정선 및 주름에 빛을 반사시키는 특별한 모양의 입자를 함유한다.

Mascara 마스카라 마스카라는 풍성하고, 길고, 두껍고, 검은 속눈썹을 만들어 준다. 자연적인 속눈썹을 표현하고 싶다면, 옅은 푸른색, 갈색, 회색, 또는 녹색의 마스카라를 사용하면 스포트라이트를 받게 될 것이다. (만약 사막 한가운데에 있는 섬에 가야만 한다면 대부분의 여성들이 가지고 가고 싶어 하는 No.1의 메이크업 제품이 마스카라일 것이다.)

Matte 매트 매트는 립스틱, 아이섀도, 파운데이션, 파우더, 그리고 아무 빛도 없고 편평한 것처럼 보이는 블러셔 등을 기술할 때 사용된다. 매트 립스틱은 건조한 경향이 있지만 지속력이 높다. 매트 파운데이션은 번들거리지 않아 지성 피부에 좋고, 일정하지 않은 피부색을 맞춰주는데 적당하다. 그리고 매트 제품은 낮 시간 동안의 유분기 제거에 도움을 주는 파우더 및 크림 형태의 제품도 있다.

Metalic 메탈릭 메탈릭은 광택과 금속 질감을 지닌 립스틱, 아이섀도, 아이 펜슬 등을 말한다. 검은 피부나 어두운 피부에 환상적으로 보이지만 밝거나 성숙한 피부에는 너무 거칠어 보인다.

Midtone 중간톤 중간톤은 눈의 윤곽을 선명하게 하고 모양을 형성하는 눈꺼풀을 가로질러 표현되는 흐릿하고 자연적인 색깔을 말한다 중간톤은 당신의 피부색과 조화를 이루어야하고 눈 화장 시 단계적으로 펴줄 때 사용하는 두 번째 색상이다.

Opaque 오페이크 오페이크는 피부를 완벽하게 커버해 주는 마무리 용이다.

Porosity 다공성 다공성은 습기를 보유하는 피부의 기능을 말한다. 모이스처는 피부의 다공성을 안정시켜서 파운데이션, 프라이머 그리고 컨실러가 피부에 매끄럽게 스며들도록 한다.

Powder 파우더 파우더는 파운데이션을 고정시켜 주는 역할을 하여 얼굴을 깨끄럽고 빛나게 해준다.

Satin 새틴 새틴은 매트처럼 편평하지도 않고 시머처럼 밝지도 않은 혼합물이다. "소프트 새틴 마무리"는 피부에 섬세하고 매끄러운 마무리를 제공하는 파운데이션이나 액상 화장품을 의미하기도 한다. 새틴 제품에는 광채가 있지만 번들거리진 않는다. 새틴 아이섀도는 매끄럽게 펴지며 피부에 섬세한 광채를 주기 때문에 노화된 피부에 특히 좋다.

Sheer 시어 시어는 피부에 건강한 혈색을 주는 얇고 좀더 투명한 마무리용 제품이다. 보통 메이크업을 부드럽게 해주는 실리콘이 함유되어 있다. 이 제품은 잘 달라붙지 않고 오페이크 없이 더 부드럽게 커버해준다. 시어 제품은 부드럽고 더 자연스럽게 보이게 하며 피부 속으로 사라지는 듯 보인다. 시어 파운데이션은 피부를 밝고 상쾌하게 해주기 때문에 나이가 있는 여성에게 매력있는 제품이다. 그리고 피부색이 일정하지 않은 젊은 사람에게도 안성맞춤인 제품이다.

Stippling 두드리기 두드리기는 컨실러와 파운데이션에 사용되는 블랜딩 기술이다. 이는 특히 컨실러의 경계선 부분을 펴주는데 효과적이다. 보통 손가락이나 스펀지로 가볍게 두드리는 동작이다. 점채법은 한 가지 제품에 다른 제품을 신중하게 덧입혀 표현하는데 좋은 방법이다. 이를 테면 컨실러 등 이미 사용한 제품이 지워지거나 밀리지 않도록 그 위에 파운데이션 같은 제품을 손가락이나 스펀지 등으로 가볍게 두드린다.

Texture 텍스처 텍스처는 제품이 주는 최종 느낌이다.-피부에 보이는 방법. 예를 들어, 블러셔는 매끈하고 분말형태의 질감을 준다. 파운데이션은 촉촉하고, 매끈하며, 얇고, 무광이거나 매끄러운 질감을 갖고 있다. 립스틱은 광택이 있거나 없고 또는 얇게 비치는 질감을 준다. 개인의 피부와 적절한 조화를 이루는 것이 가장 좋은 방법이다.

3

product**knowledge**

제품의 이해

워낙 많은 메이크업 제품이 있어서 가끔은 나에게 맞는 제품을 찾기가 쉽지 않을 것이다. 이제부터는 다양한 메이크업 제품에 대해서 알아보고 제품의 형태, 특이한 점 그리고 각각의 사용법에 대해서 알아보도록 하자.

Foundation 파운데이션

파운데이션은 메이크업의 가장 중요한 투자이다. 그것은 당신의 피부를 흠 없고 자연스럽게 해주며 건강한 혈색을 준다. 불완전과 결점을 커버해 주고, 고르지 못한 피부 색조를 균일하게 해준다. 바르게 사용한다면 실제로 다른 어떤 메이크업 제품보다 당신의 외모를 위해 더 많은 것을 할 수 있다. 그렇기 때문에 올바르게 선택하기 가장 어려운 제품 중 하나이다.

파운데이션을 선택할 때, 두 가지를 고려해야 한다.

첫째는 자연스럽게 보이도록 당신의 피부색과 톤에 조화를 이루어야 한다.
두 번째는, 당신의 피부 유형과 파운데이션의 종류를 정확히 맞추는 것이 중요하다.
예를 들면, 지성 피부인 경우에, 피부의 유분이 제품과 혼합되어 파운데이션이 얼룩지고 고르지 못하게 보일 수 있다. 피부 타입에 맞는 올바른 형태의 파운데이션을 사용하면 파운데이션을 오래 지속시킬 수 있다. 파운데이션을 구입하는데 비용을 아끼지 말라. 각각의 화장품의 비용의 차이는 포장 뿐만 아니라 원료 성분 때문이다. 더 순수한 성분의 원료일수록 제품은 더 비쌀 것이다. 더 높은 가격의 파운데이션일수록 보통 피부에 오래 지속되고 돋보이게 하는 고품질의 안료를 함유하고 더 싼 가격의 파운데이션은 오래 견디지 못하는 품질이 떨어지는 안료를 함유한다. 당신이 여유가 되는 한 가장 좋은 제품의 파운데이션을 구입하라. 파운데이션과 파우더는 당신의 외관을 표현하는 기초이므로 가장 중요한 메이크업 제품이다. 비교적 저렴한 색조 제품에 돈을 아껴라.

현대 기술의 발전으로 많은 진보된 파운데이션 제품이 나와 있으며, 파운데이션을 발라도 거의 했다는 느낌이 없을 정도이다. 당신은 여러 가지 타입의 다양한 질감과 형태를 선택할 수 있다. 제품의 일관성과 피부에 스며드는 방법이 핵심이다. 파운데이션의 진정한 목표는 전혀 하고 있지 않은 것처럼 보이는 것이다. 자연적으로 건강하고, 아름다운 피부를 가진 것처럼 꾸며주는 것이다.

파운데이션은 일반적으로 8가지 형태의 종류가 있다.

스틱stick 스틱 파운데이션은 크림 파운데이션과 컨실러를 하나로 합쳐 포장한 것이다. 지나치게 건조하지 않은 피부에 최적이며 피부를 좀 더 커버하여 감추려는 여성에게도 좋은 선택이다. 붉고 고르지 못한 피부 색 뿐만 아니라 결점을 최대한 커버하는 데 이상적이다. 스틱 파운데이션은 빠르게 적용하지만 파운데이션이 불필요한 깨끗한 피부 부위에는 두꺼워 보일 수도 있다.

액상liquid 액상 파운데이션은 가장 흔한 제품이며 거의 대부분의 피부 타입에 적용된다. 이 제품은 유분이 없거나, 유분 흡수 타입에서 수분 타입까지 다양하며, 브랜드 및 형식에 따라 다양한 투명성을 준다. 액상 파운데이션은 병 또는 튜브에 담겨 있다. 얼굴에 바를 때, 틴트 모이스처라이저 보다는 더 많이, 크림 파운데이션보다는 적게 발라준다.

크림cream 크림 파운데이션은 매끄러운 크림 형태이며, 건성에서 정상 피부를 위해 만들어졌다. 이 제품은 높은 적용 범위를 제공하지만 피부의 자연적인 마무리를 준다. 비록 두껍고 무거운 농도의 경향이 있더라도 촉촉한 스펀지를 사용함으로써 좀 더 투명하게 표현할 수 있기 때문에 가장 다용도의 제품이다. 더구나, 넓은 적용범위 때문에, 만약 심한 다크 서클만 없다면 컨실러로도 사용할 수 있다.크림 파운데이션은 건성 피부에 좋지만 건조하고 얇은 피부인 경우에는 '뭉쳐' 보일 수 있고 다소 둔하거나 두꺼워 보일 수 있기 때문에 주의해야 한다.

무스mousse 무스 파운데이션은 실제로 거품 형태의 크림 파운데이션이다. 콤팩트 보다는 주로 병에 담겨 있으며, 보통 콤팩트 형태와 비교하여 더 가볍고 투명하다. 피부를 두껍지 않고 자연스러워 보이게 한다. 개인적으로 무스 타입을 많이 사용하는데 그 이유는 이 제품이 피부에 들떠있지 않고 피부 속으로 잘 스며들기 때문이다. 이 제품은 아주 자연스러워 보이면서도 넓게 커버해준다. 그리고 무거운 크림 타입처럼 미세 주름을 모으지 않기 때문에 노화된 피부에 좋다.

틴트 모이스처 라이저 **tinted moisturizer** 틴트 모이스처 라이저는 약간의 색상이 입혀진 모이스처 제품이다. 파운데이션 중 가장 투명도가 높고 화장을 하고 싶지 않은 여름철에 완벽한 제품이다. 이 제품은 최소한으로 커버하면서 피부 톤을 고르게 해준다.

파우더를 함유한 크림 타입 **cream-to-powder** 파우더를 함유한 크림 타입 파운데이션은 빠르고 간단하다. 이 제품은 분말 형태로 바르는 크림 타입의 질감을 지니고 있어서 일반적으로 파우더를 따로 할 필요 없다. 이 타입은 파우더가 과도한 번들거림을 막아주기 때문에 크림 타입과 대조하여 지성 피부에 더 좋다.

파우더 콤팩트 **powder compact** 파우더 콤팩트는 중간 적용 범위에 빠르고 편리한 투명성을 주는 이중 마무리용의 파우더 파운데이션이다. 이 제품은 촉촉하거나 건조한 형태로 사용되는 압축된 파우더 형태이다. 건조된 것은 압축 파우더 형태이지만 약간 더 많은 적용 범위를 제공한다. 유분이 적고 숨구멍을 막지 않기 때문에 어린 소녀에게 완벽한 제품이다. 그리고 여드름 발생의 위험이 적고 수정용으로 덧발라도 좋다. 브러시를 사용하면 투명한 느낌을 주며, 스펀지를 사용하면 커버력을 높일 수 있다. 그리고 젖은 스펀지를 사용하면 액상 파운데이션이나 크림 파운데이션과 같이 훨씬 더 다양한 피부 표현이 가능하다.

미네랄 파우더 **pigmented mineral powder** 미네랄 파우더는 빠르게 피부에 달라붙어 자연스럽게 표현할 수 있는 가루형 파우더이다. 표현 범위 뿐만 아니라 피부에 좋은 비타민과 미네랄을 함유하고 있다. 이 제품은 이중 마무리용 파우더 파운데이션처럼 브러시나 스펀지로 사용할 수 있다.

Concealer 컨실러

컨실러는 다양한 형태와 질감을 지니고 있다. 다른 질감의 컨실러는 서로 다른 문제 부위에 사용되므로 문제 부위와 질감을 잘 맞추는 것이 중요하다. 예를 들면, 눈 밑 부위에 사용하는 컨실러는 항상 습기가 있거나 크림 타입이어야 한다. 반면에, 손상된 모세혈관을 커버하기 위한 컨실러는 잘 달라붙고 오래 지속되어야 하므로 훨씬 건조한 질감이어야 한다.

솔리드 크림 스틱 컨실러 **solid cream stick concealer** 솔리드 크림 스틱 컨실러는 완벽한 커버력을 주지만 펴 바르기에 용이하지 않다. 주로 흠집이나 피부 변색을 숨기기 위해 사용된다. 또한 다크 서클을 최소화하기 위해 사용되지만 이 제품을 사용한다면, 잔주름이 부각되지 않도록 농도가 잘 펴지기에 충분한 크림 형태인지 확인해야 한다. 가장 민감한 피부가 눈 밑이기 때문에, 펴기 어려운 스틱 컨실러를 사용하는 것은 실제로 시선을 끌어 눈 밑 다크 서클을 훨씬 더 두드러지게 할 수 있다.

포트 컨실러 **pot concealer** 포트 컨실러는 스틱 형태와 유사한 커버력을 주지만 좀 더 수분이 많은 성분으로 구성되어 있어 뭉치지 않고 눈 밑에 사용하기 훨씬 좋다. 이 제품은 훌륭한 커버력때문에 전문가들이 가장 많이 사용하는 컨실러이다. 주로 크림 형태이지만, 얼굴의 변색 부위를 가려주거나 결점이 있는 부위의 커버까지 다양하게 사용할 수 있다.

튜브 **tube** 튜브 컨실러는 사용감이 가볍고 잔주름을 커버하여 노화된 피부에 좋은 크림 타입의 질감을 지니고 있다. 또한 가장 다양한 형태의 컨실러 중 하나이다. 이 제품은 커버력을 높이기 위하여 모이스처 라이저나 파운데이션과 혼합할 수 있다. 또한 펴 바르기에 매우 용이하므로 눈 밑 부위에 사용하기 안성맞춤이다.

막대 **wand** 막대 컨실러는 가장 가벼운 질감을 제공하고 피부 색조를 균일하게 맞추는데 뛰어나다. 피부와의 밀착력이 높아 쉽게 스며들기 때문에 자연스러운 피부 표현을 위해 파운데이션을 덧바르지 않아도 좋다. 막대 컨실러는 액상 파운데이션 보다 빠르고 간편하게 커버를 할 수 있어 빠른 교정에 뛰어나다.

펜슬 **pencil** 펜슬 컨실러는 손상된 모세혈관, 흠집 및 피부 결함 같은 면적이 작은 결점을 효과적으로 감추어 준다. 간단하게 커버할 부위 위에 그려주면 된다. 정확한 색상의 조화로 혼합 없이 사용할 수 있다. 또한 입술선 교정에도 뛰어나다.

오일프리 콤팩트 **oil-free compact** 오일프리 콤팩트 컨실러는 여드름이나 반점을 가려주는데 효과적이다. 이 제품은 지속력이 뛰어나며 염증을 유발하지 않는 건조한 질감을 지니고 있다. 또한 내구성이 우수하여 검버섯이나 과다색소 피부를 커버하는데 효과적이다.

하이라이트 리플랙팅 **highlight reflecting** 하이라이트 리플랙팅 제품은 피부 결함을 커버하지만 실제로 덮어주진 않는다. 대신에 음영 부위를 최소화하는 빛을 굴절시키는 빛의 반사 성질을 가지고 있다. 다시 말해, 처진 피부와 주름에 의해 생긴 어두운 그림자와 같은 움푹 팬 부분을 밝게 해준다. 그늘진 부위에 발라 밝게 함으로써 눈에 덜 띄게 만드는 것이다. 소량만 발라야 한다.

Powder 파우더

파우더는 메이크업의 지속력을 제공한다. -파우더가 없다면 화장이 하루 종일 남아 있지 못한다. 파우더는 피부의 유분을 흡수하여 하루 종일 빛을 컨트롤하게 해준다. 그리고 피부를 부드럽고 자연스럽게 보이도록 해주는 마지막 단계이다. 전혀 메이크업을 하지 않은 얼굴에도 모이스처 제품을 사용한 후에 파우더를 블러셔 대용으로 사용할 수 있다.

대부분의 페이스 파우더는 두 가지 베이스로 만들어진다. 옥수수 녹말과 탈크이다. 기본적으로 가루 형태와 압축된 형태의 두 가지 형태가 있는데 가루 형태의 파우더는 메이크업을 세팅하는데 최상이며 가장 오래 지속된다. 파우더 형태의 파우더는 압축된 형태보다 더 많은 유분 흡수제가 함유되어 있어 유분이 많은 피부에 최상의 선택이다. 물론 여행 중에는, 압축된 형태의 파우더가 훨씬 휴대하기 간편하다. 파우더는 지성 피부를 위해 절대적인 제품이다. 피부의 잉여 유분을 흡수하고 하루 내내 여러 번 덧바를 수 있다. 분말의 입자가 고울수록 품질이 우수한 제품이다. 그래서 피부에 뭉치지 않는다. 미세하게 분쇄된 파우더는 벨벳의 느낌을 주지만, 덜 분쇄된 파우더는 모래 같은 느낌을 준다.

Eyebrow 눈썹

네 가지 타입이 있다.

펜슬 pencil 펜슬 타입은 눈썹을 그리는 가장 정밀하고 일반적인 방법이다. 펜슬은 보통 눈썹에 잘 달라붙고 오래 지속되도록 다른 메이크업 펜슬보다 약간 더 윤기 있는 농도를 가지고 있다. 만약 펜슬을 선호한다면 끝이 예리한지 잘 확인해야 한다. 왜냐하면 끝이 뾰족할수록 더 좋은 효과를 볼 수 있기 때문이다.

파우더 powder 파우더 타입은 높은 안료 성분을 함유한 무광의 파우더이다. 주로 브러시를 사용하며 크림과 펜슬 타입을 고정하여 지속력을 높이는데 사용할 수 있다. 파우더는 가장 자연스러운 느낌의 눈썹을 연출한다.

크림 cream 크림 타입은 가장 선명하게 보이며 가장 인위적으로 보인다. 브러시로 사용하는 무광택의 크림이며, 파우더와 함께 고정시키는 것이 최상이며 지속력을 높여준다. 종종 눈썹의 결점 부위를 커버하는데 사용하기도 한다.

젤 brow gel 젤 타입은 기본적으로 눈썹을 위한 헤어젤이다. 눈썹의 위치와 방향이 일정치 않은 불규칙한 눈썹모를 고정시키기 좋은 제품이다. 색소가 포함되어있거나 투명한 타입이 있다.

Tip

눈썹용 펜슬은 너무 매끈거리지 않는 제품으로 선택해야 한다. 그렇지 않으면 밀착력 있게 그려지지 않아 얼룩덜룩하고 부자연스러워 보인다.

Mascara 마스카라

일반적으로 세 가지의 형태가 있다.

풍성한 연출용thickening 마스카라는 각각의 속눈썹의 뿌리부터 끝부분까지 볼륨감을 주어서 두껍고 풍성해 보이도록 하는 입자를 입힌다.

길어 보이는 연출용lengthening 마스카라는 속눈썹의 끝부위에 달라붙어 눈썹을 길게 보이도록 해주는 플라스틱 화합물을 함유하고 있다.

또렷한 연출용defining 마스카라는 각각의 속눈썹을 코팅하여 속눈썹을 분리하고 뚜렷하게 유지하도록 한다. 이 제품은 가장 자연스러워 보인다.

대부분의 마스카라는 방수 기능을 가지고 있지만, 만약 민감하고 눈물이 나는 알레르기가 있다면 지우기 어렵고 민감한 속눈썹에 손상을 줄 수 있는 방수용 마스카라를 쓰지 않는 것이 좋다. 또한 민감한 눈을 가진 여성도 이러한 자극적인 성분 때문에 방수 마스카라를 사용하지 않는 것이 좋다. 마스카라의 성분 만큼이나 마스카라용 솔의 모양이 속눈썹을 연출하는데 중요하다.

마스카라는 네 가지의 기본 솔의 형태가 있다.

속눈썹에 컬을 만들어 말아 올라가 보이게 만드는 초승달 모양

각각의 속눈썹을 코팅하여 풍성하게 보이도록 하는 모가 곧고 굵은 모양

각각의 속눈썹을 뿌리까지 발라서 명확하게 만드는 짧거나 솔이 없는 스크루 형태의 스틱.

볼륨감을 더해주며 각각의 가늘고, 빈약한 속눈썹을 명확하게 해 주는데 효과적인 더블 테이퍼는 끝부분에 작은 솔이 있으며 중앙부분은 두껍고 점점 가는 모양.

한 번에 양을 많이 해 두껍게 바르는 것 보다는 두 번에 나누어 조금씩 바르는 것이 좋다. 개인적으로 풍성하고 볼륨감 있는 속눈썹을 선호한다. 그것은 눈을 명확하게 해주며, 훨씬 매력적으로 보인다.

Eyeliner 아이라이너

네 가지의 형태가 있다.

액상 liquid 액상 타입 아이라이너는 끝부분이 미세한 솔이 장착된 액체타입이다. 액상은 가장 오랫동안 지속되며 드라마틱하게 보인다. 또한, 펠트를 붙인 펜이나 면봉 타입도 있다. 액상 라이너는 성공적으로 속눈썹들을 감추어 주기 때문에 가짜 속눈썹과 함께 사용하는 것도 좋은 방법이다. 액상 아이라이너는 너무 거칠고 부자연스러워 보이기 때문에, 아래쪽 속눈썹 라인이 아닌 위쪽 속눈썹 라인에만 그려야 한다.

케이크 cake 케이크 타입 아이라이너는 촉촉한 솔로 사용하는 압축된 분말 형태의 제품이다. 액상 아이라이너와 유사한 효과를 주지만 훨씬 표현하기 쉽다.

크림 cream 크림 타입 아이라이너는 보통 용기 내에 들어있고 촉촉한 솔로 사용한다. 이것 또한 액상 아이라이너와 유사한 효과를 준다. 빨리 건조되는 성질이 있어서 여기저기에 묻히지 않고 훨씬 더 용이하게 사용할 수 있다.

펜슬 pencil 펜슬 타입은 가장 다루기 쉬워서 일반적으로 사용되며 다양한 질감의 펜슬이 있다. 어떤 제품은 건조하고 단단하며, 어떤 제품은 크림 형태이고 살짝 매끄럽다. 과거에는, 많은 여성들이 라이터나 성냥으로 단단하고 건조한 펜슬을 연하게 하였다. 다행히도, 지금의 펜슬은 대부분이 매끄럽게 미끄러지듯 그려지고 쉽게 펴지게 하는 실리콘을 함유하고 있다. 최상의 선택은 쉽게 미끄러지듯 그려지지만 번지거나 얼룩이지 않는 충분한 실리콘을 함유한 펜슬이다. 내수성이 있어 오래 유지되고 번지지 않는지를 확인해야 한다.

Tip

펜슬을 뾰족하게 깎아야 사용하기 쉽다.

Eyeshadow 아이섀도

다양한 질감과 마무리용 제품이 있다.

질감

파우더 powder 파우더 타입의 섀도는 가루 형과 압축된 것이 있다. 두 가지 모두 윤기가 없는 것부터 희미하게 빛나는 것, 그리고 무지개 빛깔에서 차가운 느낌을 주는 것까지 다양하다. 이 제품은 가장 대중적이고 잘 펴져서 사용하기 쉽다. 대부분의 메이크업 제조업체에서 파우더 질감의 폭넓은 종류의 색상을 제공한다.

크림 cream 크림 타입의 섀도는 매트와 시머가 있다. 그들은 전체 눈꺼풀을 가로질러 색상을 입히는데는 좋으나 주름질 수 있기 때문에 조심해야 한다. 하지만, 파우더 성분을 포함하여 건조된 크림 타입도 있다. 이 제품은 아주 뛰어나며, 또한 음영의 명암을 증가시키기 위하여 크림 섀도위에 파우더 섀도를 덧발라 사용할 수 있다.

액상 liquid 액상 타입의 섀도는 광택이 있고 금속성의 마감을 주며 보통 사용하기 까다롭다. 쉽게 혼합되지 않기 때문에 정확히 사용해야 한다. 그래서 브러시와 함께 사용하는 것이 가장 좋다. 액상제품은 보통 아이라이너로 이용되거나 색상의 강도를 위해 속눈썹 선에 가깝게 그린다.

펜슬 pencil 펜슬 타입의 섀도는 날카롭게 깎아 정밀하게 그릴 수 있기 때문에 눈 주위를 그릴 때 유용하다. 마무리 할 때, 원하는 효과를 주기 위하여 손가락, 면봉 또는 브러시로 선을 문질러 펴주면 된다.

Tip

더 강렬한 색상을 원한다면, 파우더 섀도와 크림 섀도를 함께 사용하면 된다. 파우더 섀도 위에 크림 섀도를 바르면 혼합이 안 되므로 항상 크림 섀도 먼저 사용해야 한다. 이것은 크림 위에 크림을 바르고, 파우더 위에 파우더를 바른다는 규칙에 모순되지만, 가능하다. 또한 파우더 섀도는 브러시를 이용하여 간단히 아이라이너로 사용할 수 있다. 몇몇 파우더 섀도는 강하게 압축되어 있어 가루 타입이면서도 약간 크림 같은 질감을 가진 제품도 있다.

마무리 제품

매트 matte 매트 섀도는 노 메이크업 분위기 연출을 위해 최상이며 자연스런 외관 때문에 중간톤 음영의 마무리용으로 최적이다. 보통 고급 색상 안료를 함유하며 눈을 다듬고 명확하게 하는데 아주 유용하다.

시머 shimmer 시머 섀도는 색조 화장을 했어도 피부가 보이도록 얇고 투명한 메이크업을 가능하게 해준다. 시머 섀드는 색상이 옅고 약간의 광채가 있다. 이 제품은 전형적으로 잔주름이 생기지 않아, 노화된 피부를 위한 완벽한 선택이다. 밝은 시머 섀도는 강조하거나 눈꺼풀의 움푹 팬 곳을 돌출 시켜 주는 중요한 역할을 한다. 어두운 색상의 시머 섀도는 진한 톤의 매트한 섀도처럼 뭉치거나 얼룩이지 않고 극적인 효과를 주는데 좋다.

프로스트 frost 프로스트 섀도는 훨씬 불투명한 커버력을 주며 흰색이나 은색 광택의 느낌을 준다. 이 제품은 젊은 피부에 잘 어울리는 재미있고 가벼운 파스텔 색조를 띤다. 프로스트 섀도는 주름 부위에 뭉치기 때문에 노화된 피부에 사용하지 않는 것이 좋다.

새틴 satin 새틴은 매트와 시머의 중간이다. 매트 보다는 빛나고 시머 만큼 반짝이지는 않는다. 새틴 마무리는 노화된 피부를 포함하여 모든 피부 타입에 잘 어울린다.

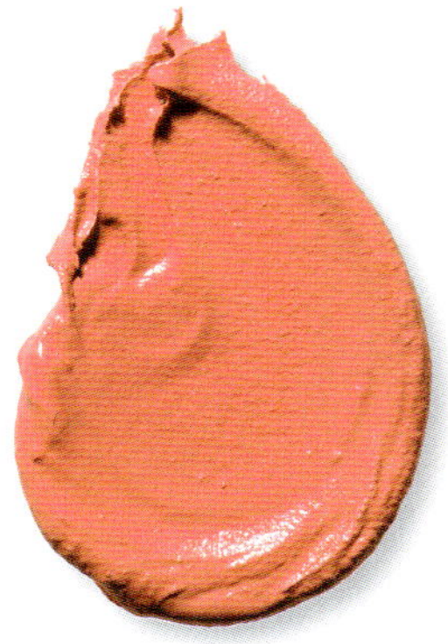

Blush 블러셔

일반적으로 네 가지의 질감이 있다.

파우더 powder 파우더 타입의 블러셔는 분말형태의 색상 안료이다. 부드러운 브러시를 사용하여, 모든 피부 유형과 잘 어울리는 색상을 표현해 준다. 이 제품은 가장 손쉽게 다루고 사용할 수 있기 때문에 대중적인 타입이다. 그리고 아주 다양한 색상이 있다. 파우더 블러셔는 특히 지성 피부를 위한 최상의 제품이다.

크림 cream 크림 타입의 블러셔는 크림 형태의 색상 안료이다. 얼굴에 빛나는 자연스러운 홍조를 주어 활기있고 촉촉한 마무리를 준다. 이 제품은 얼굴 표면에 쉽게 펴지므로 건성 피부에 좋다.

그리고 파우더를 사용하기 전에 바르면 더 쉽게 혼합되어서 좋다. 하지만 지성 피부인 경우에는 크림 블러셔가 피부에 잘 스미지 않으므로 사용하지 않는 것이 좋다. 큰 모공이 있는 피부에도 모공을 두드러지게 하는 경향이 있기 때문에 맞지 않는다. 파운데이션을 사용하지 않는 여성에게 적합하다. 간단히 손가락이나 스펀지로 바르면 피부에 잘 스며든다.

젤 gel 젤 타입의 블러셔는 기본적으로 실리콘 입자로 덮여 있는 색상 안료로 만들어진다. 맨 얼굴의 피부를 균일하게 하여 예쁘고 얇고 반투명한 빛깔을 만들어 준다. 파운데이션과 함께 사용할 수 있는데 파우더를 사용하기 전에 발라야 한다. 이 제품은 오래 지속되며 자연스러워 보이며 사용하기 용이하다. 손가락이나 스펀지를 이용하여 바르면 피부를 매끄럽게 표현해 준다.

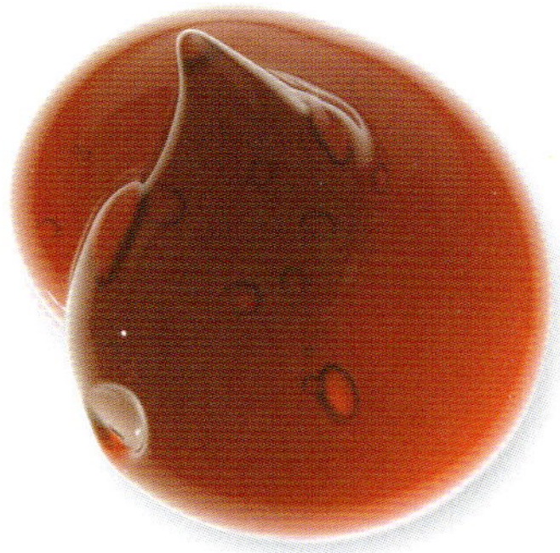

액상 liquid 액상 타입의 블러셔는 실제로 피부를 물들이는 액체이다. 모든 피부 타입에 잘 맞는다. 젤 블러셔처럼 사용하지만 착색 특성 때문에 신속히 펴주어야 하므로 함께 사용하기 더 까다롭다. 방수 기능이 있어서 하루 내내 지속된다. 크림 블러셔나 젤 블러셔처럼 손가락이나 스펀지를 사용하여 피부에 펴주면 된다.

Tip

맨 얼굴에 파우더 블러셔를 직접 사용할 때, 얼룩져 보이지 않도록 파우더를 먼저 사용해야 한다.

Bronzer 브론즈

피부를 따뜻하고 건강한 혈색으로 보이기 위하여 사용된다. 보통 파우더와 크림의 형태가 있다.

파우더 **powder** 파우더 브론즈는 사용하기기 쉽고 잘 펴지기 때문에 파우더 블러셔처럼 가장 대중적으로 사용된다. 이 제품은 다양한 방법으로 포장된다. – 콤팩트에 압축된 것, 튜브에 들어있는 것, 심지어는 작은 볼이나 구슬로 압축되어 병에 담긴 것까지. 원하는 얼굴 부위에 브러시로 펴주어 피부에 생명을 불어 넣을 수 있다.

크림 **cream** 크림 브론즈는 파우더 브론즈와 같이 얼굴에 태닝한 느낌을 연출할 때 사용한다. 스틱 형태와 콤팩트에 담겨 있는 것도 있다. 손가락이나 스펀지를 이용하여 바르면 된다. 건성 피부에 좋으며, 파운데이션 없이 홍조 띤 얼굴을 만들고 싶을 때 사용하면 좋다.

Lipstick 립스틱

다양한 형태의 종류가 있다.

매트 matte 매트 타입 립스틱은 광택을 전혀 함유하지 않은 정교하고 강렬한 색상을 나타낸다. 구성 성분 때문에 지속력은 좋지만, 건조해지기 쉬워서 입술이 너무 메말라 보이는 느낌을 줄 수도 있다. 바르고 나면 잘 번지지 않기 때문에 어둡고 강한 색상이 어울린다. 하지만 더 젊고 볼륨감 있는 연출에는 적절하지 않다.

크림 cream 크림 타입 립스틱은 매트 립스틱 보다 더 많은 완화제를 함유하고 촉촉한 (그러나 광택이 없는) 느낌을 표현한다. 대부분의 제품 라인 중 가장 다용도로 쓰이고 대중적이기 때문에 많은 선택의 폭을 제공한다. 그리고 매트 립스틱과는 달리, 메말라 보이지 않고 쉽게 바를 수 있다.

프로스트 frost 프로스트 타입 립스틱은 창백하고 광택이 있는 금속성의 느낌을 준다. 하지만 구성 원료가 단색의 광택을 지니고 있어서 입술이 조금 메말라 보이는 경향이 있다. 주로 노화된 입술에는 적절하지 않다.

시어 sheer 시어 타입 립스틱은 실제로 불투명하게 가려주는 성분이 아니기 때문에 맨 입술이 자연스럽게 들여다보이는 반짝이고 투명한 타입이다. 이 제품은 단순히 젤과 혼합된 안료이기 때문에 젤 블러셔 (gel blush)와 유사하다. 립글로스 보다는 지속력이 좋지만 크림 립스틱보다는 지속력이 떨어진다. 투명성으로 인해 정밀하게 바를 필요가 없기 때문에 빠른 수정에 좋다.

글로스 gloss 글로스는 최고의 광택과 수분을 지닌 립 컬러이다. 이 제품은 투명한 층의 색상을 가지고 있지만 자주 덧발라줘야 한다. 비록 오래 지속되지는 않지만, 립글로스는 모든 연령대의 여성에게 신선하고 생기 있는 느낌을 준다. 잘 사용하면 입술을 더 풍부하고 섹시하게 만들어 준다. 포장은 스틱, 튜브 그리고 용기 형태의 종류가 있다.

립 라이너 lip liner 립 라이너는 입술의 윤곽을 명확히 그리는데 사용되는 펜슬이다. 이 제품은 입술에 바른 색깔이 잔주름으로 인해 번지는 것을 방지할 뿐만 아니라 입술의 모양을 교정하는데 사용한다. 또한 입술 전체에 발라서 색상을 낼 수도 있다. 립 라이너를 제대로 사용하면 모든 종류의 립 컬러의 지속성을 높여준다.

4

the**tools**

도 구

화가가 캔버스에 완벽한 터치를 위해 올바른 붓을 선택하듯이 메이크업 아티스트도 마찬가지이다. 단지, 메이크업 아티스트에게는 캔버스가 사람의 피부인 셈이다. 올바른 브러시를 선택하는 상식에 대해 알아보고자 한다. 이 장에서는 당신이 원하는 메이크업 효과를 내기 위해 내가 소유하고 있는 브러시를 통해 기본적인 도구에 대해 알아보도록 한다. 메이크업은 예술 작품이며, 내면의 아름다움의 표현이란 것을 명심하고 따라서 해보고 즐기기를 바란다.

스펀지 Sponges

스펀지를 선택하는데 있어서 가장 중요한 점은 피부에 부드럽게 미끄러지도록 고품질의 라텍스 성분으로 만들어진 것이어야 한다. 모양은 둥근 것, 타원형, 삼각형 또는 쐐기 모양 등 손에 쥐었을 때 가장 편한 것이면 어떤 형태도 가능하다. 파운데이션이나 컨실러를 바르거나 펴줄 때 사용한다.

파우더 퍼프 Powder puff

제일 좋은 퍼프는 보통 부드러운 벨벳 질감으로 푹신하다. 약간의 돈을 투자해서 좋은 품질의 파우더 퍼프를 구입하면 세탁이 가능해서 청결한 상태로 오랫동안 사용할 수 있다. 파우더를 바를 때 사용한다.

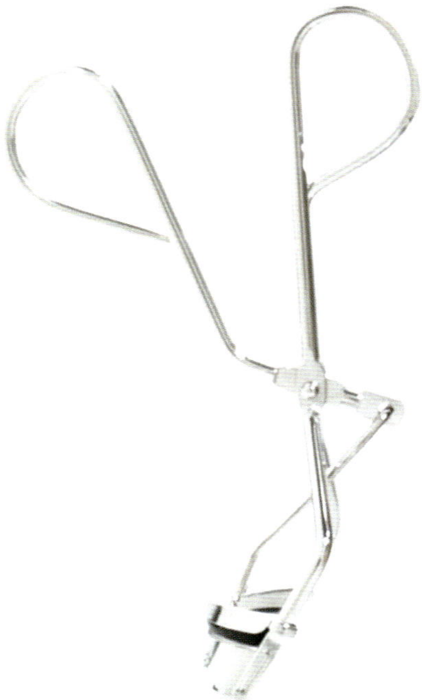

속눈썹 컬러 Eyelash curlers

이 도구는 속눈썹을 컬링할 때 사용되며 눈을 "풍성하게" 보이는 효과를 주는데 사용한다. 이 도구는 모든 연령대의 여성들에게 꼭 필요한 미용 도구이다. 요즘에는 웨이브 속눈썹 컬러를 기피하는 여성을 위한 제품도 있다. 이 컬러(아래 사진)는 열을 이용하여 마스카라와 함께 사용하여 속눈썹에 컬을 만들어 준다.

브러시 Brushes

이제부터 설명하는 브러시는 개인적으로 소장하고 있는 간단한 메이크업 도구와 효과적인 제품들이다. 전체 컬렉션을 보려면, www.simplebeaute.com에서 확인할 수 있다.

아이 브로우 Eyebrow

아이 브로우 브러시 #2. 마스카라 스틱처럼 생겼으며, 각각의 눈썹을 다듬거나 손질할 때 매우 유용하게 사용된다. 눈썹을 가지런하게 하고 하루 내내 완벽하게 모양을 유지하는 데 사용한다.

각진 아이 브로우 브러시 #1. 이 브러시는 눈썹에 크림 또는 파우더 컬러를 바르기 쉽도록 각이 져 있는 형태이다. 또한 단단한 강모는 눈썹의 펜슬라인을 펴주는데 효과적이다.

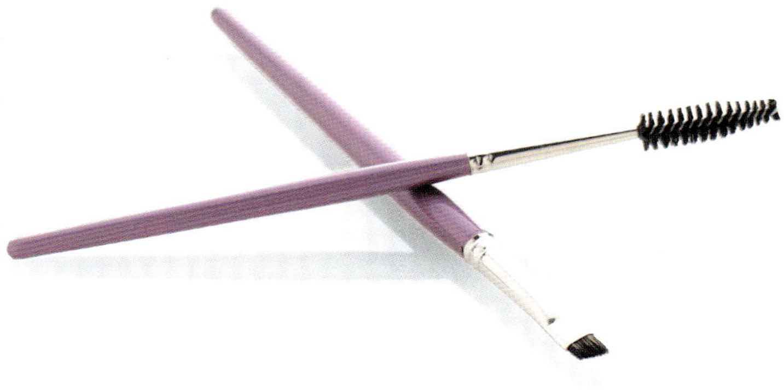

아이라이너 Eyeliner

가는 라이너 브러시 #41. 평평하고 사각형의 짧은 솔을 가진 브러시는 파우더 아이라이너를 속눈썹의 라인에 바르거나, 속눈썹을 두텁게 보이도록 하기 위해 속눈썹의 뿌리 부분에 색상을 입히는데 유용하게 사용된다.

액상 라이너 브러시 #42. 얇고 뾰족한 브러시는 액상, 크림, 케이크 타입의 아이라이너를 정교하게 바르는데 아주 유용하다.

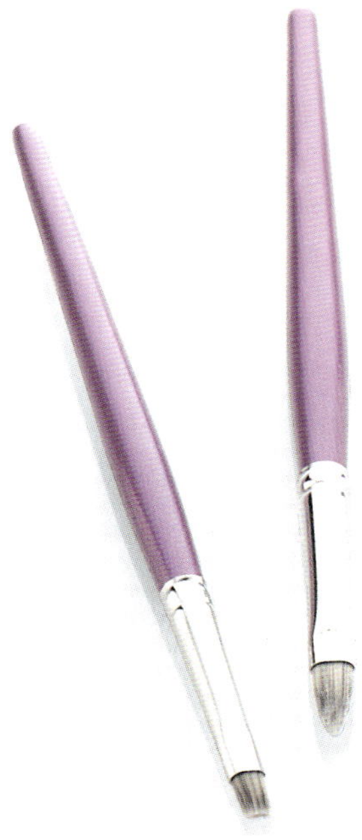

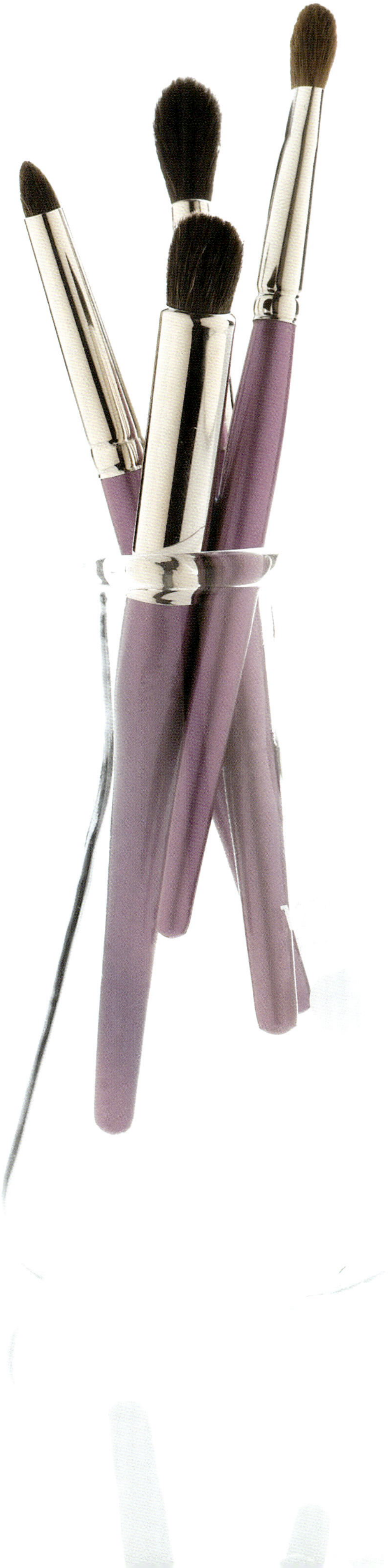

아이섀도 Eyeshadow

아이섀도 브러시 #13. 정교한 스타일의 브러시는 속눈썹의 아래쪽을 따라 원하는 아이섀도 색상의 음영을 그리는데 최적의 도구이다. 또한 아이 홀 안쪽에 명확한 색상의 라인을 그리는 경우에도 사용된다.

아이섀도 브러시 #17. 단단하고 각진 브러시는 아이 홀 부분에 중간톤의 색상을 펴거나 아이섀도의 음영을 함께 펴줄 때 유용하다.

아이섀도 브러시 #11. 커다란 브러시는 아이 홀에 중간톤의 색상을 펴거나 섀도의 색상을 펴주는데 사용된다. 한 가지 색상 이상의 섀도를 눈에 표현할 경우에 필수적이다.

아이섀도 브러시 #12. 아치형의 브러시는 속눈썹을 따라 눈에 가장 진한 음영을 정교하게 펴 바를 경우와 눈 꼬리 부위에 표현할 때 유용하다.

블러셔 Blush

블러셔 브러시 #62. 풍부하고 부드러운 브러시는 블러셔나 브론즈를 바를 경우에 사용된다. 쉽게 펴주기 위하여 끝부분이 점점 가는 모양을 하고 있다.

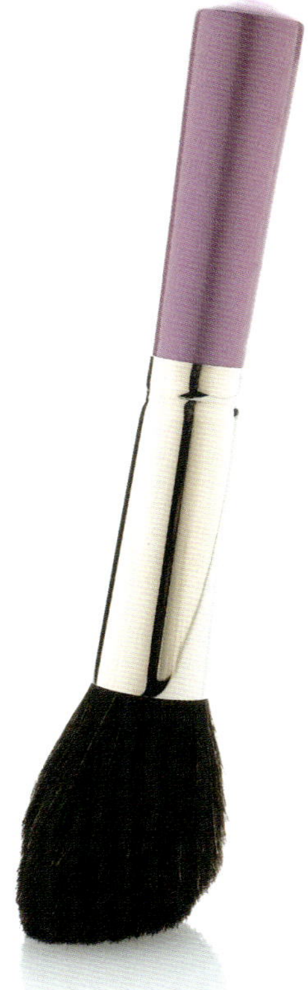

파운데이션 브러시 #51. 크고 부드러운 브러시는 크림, 액상 파운데이션을 피부에 고르게 바르는데 유용하다. "마지막"에 가벼운 수정을 위한 최상의 도구이다. 이미 얼굴에 바른 파운데이션을 부드럽고 고르게 펴주는데 좋다.

점보 파우더 브러시 #70. 크고 복슬복슬한 브러시는 가루 파우더를 부드럽고 얇고 고르게 펴 바르는데 유용하다. 또한 부드럽고 엷은 효과를 내기 때문에 블러셔를 바를 때에도 유용하다.

컨실러 브러시 #50. 끝이 뾰족한 모양의 브러시는 컨실러를 정교하게 바를 때 유용하다. 겹겹이 펴주지 않고 피부의 얼룩이나 흠이 있는 부위를 덮어 보여주고 싶지 않은 부위를 감추어 준다.

아이라이너 브러시 #40. 아이섀도로 눈을 명확하게 그리거나 더 자연스럽고 엷게 보이기 위해 펜슬 아이라이너 위에 파우더를 덧바르는데 최적의 브러시다.

5

color**choices**

색상의 선택

이 장에서는 올바른 색조 제품을 선택하는데 도움이 되는 내용을 다루고 있다. 잘못된 색상의 파운데이션은 메이크업의 전체적인 느낌을 망쳐 버리기 때문에 올바른 파운데이션 색상을 선택하는 것은 무엇보다도 중요하다. (아이섀도, 블러셔, 립스틱 또한 마찬가지이다.) 이와 함께, 정확한 선택을 할 수 있는 기회도 많아지게 될 것이다. 파운데이션의 역사를 통하여 살펴보도록 하자.

피부톤 Skin tone

1950년대와 60년대를 통틀어–실제로 70년대 후반까지–여성들은 본인의 자연 피부색과 상반되는 파운데이션의 색상을 선택하는 것이 올바르다고 여겼다. 예를 들어, 피부색이 황갈색의 톤일 경우 핑크색 계열의 파운데이션을, 핑크 톤의 피부색일 경우에는 오렌지 톤의 파운데이션을 사용했다.

1980년대에 들어서 이것이 올바르지 않은 방법이며 정확히 피부 톤과 일치시켜야 한다는 것을 알게 되었다. 그래서 만약 핑크 톤의 피부일 경우에는 핑크색 계열의 파운데이션을 사용하고, 황갈색의 피부 톤일 경우에는 황갈색 계열의 파운데이션을 사용했다.

그리고 마침내 1990년대에 들어서 화장품 산업은 기존에 사용하지 않던 색이었지만 실제로는 피부색을 가장 생기 있고 자연스럽게 보이게 하는 옐로 톤의 색상을 개발했다. 옐로 색상은 아주 밝은 색상부터 가장 어두운 얼굴빛까지 모든 사람이 지니고 있는 피부 톤이다. 다만 어떤 사람들은 빨강이나 브라운 색처럼 피부에 다른 색조를 지니고 있다. 거의 모든 여성들은 옐로 계열의 파운데이션이 잘 어울린다. 옐로 파운데이션은 보이고 싶지 않은 피부 톤을 가려주고 보이고 싶은 피부 톤을 두드러지게 해 준다.

이전의 어느 제품보다도 혁신적인 많은 제품들이 출시되었으며 심지어는 우리가 알지 못하는 최상품의 파운데이션도 있다. 이 제품은 얇지만 완전히 피부를 커버하여 흠집 없이 완벽한 얼굴 피부를 표현해준다. 각자의 피부에 맞는 최상의 색을 선택하는 것은 절대적으로 필수적인 것이므로, 완벽한 선택을 하는 방법에 대하여 알아보도록 하자. 이미 파운데이션의 여러 종류에 대해 알아보았고 이제는 올바른 색조 선택법에 대하여 알아보도록 하자.
대략적으로 15단계의 피부 심도가 있다. "심도"는 피부의 밝은 정도와 어두운 정도이며, 1단계는 매우 창백한 것(백자)을 나타내고 15단계는 매우 어두운 것(흑단)을 나타낸다.

파운데이션을 선택할 때, 두 가지를 고려해야 한다. 첫째는 각자의 피부 심도 단계와 일치시켜야 한다. 52쪽부터 각기 다른 피부 톤과 피부심도를 가진 8명의 여성의 메이크업 전/후 사진을 예를 들어 보여줄 것이다. 이 사진은 피부심도와 파운데이션의 유대관계를 이해하는데 도움이 될 것이다.
두 번째로, 본인의 원래의 피부 톤과 일치시켜야 한다. 대다수의 여성은 "난색의" 피부 톤을 지니고 있다. 개인적으로 난색의 피부는 젊어 보이는 효과가 있다. 반면에 극소수의 여성들은 "한색의" 피부 톤을 지니고 있다. 그들은 검은 머리칼, 창백한 피부와 (눈처럼 하얀) 밝은 눈을 가지고 있다. 비록 한색으로 시작하더라도 햇빛에 노출되면 곧 난색이 된다. 당신이 특정한 지역–이탈리아, 스페인, 아시아, 아프리카계 미국인이라면–난색이다. 갈색이나 초록색 눈동자를 가지고 있어도 난색이다. 태닝이 잘되는 피부를 가졌다면 확실하게 난색이다.
메이크업을 할 때 여성들의 가장 큰 실수 중의 하나는 자신이 한색의 피부 톤을 가졌다고 잘못 생각하는 것이다. 때문에 각자의 피부 심도 단계에 일치하는 올바른 파운데이션을 사용했는지 확인하기 위해 항상 "스트라이프 테스트"를 하는 것이 중요하다. 56쪽에서 스트라이프 테스트 방법에 대해 배우게 될 것이다.

rhonda shasteen

얼굴형: 오각형

눈 모양: 미간이 좁은 형

섀　도: 하이라이트－프레쉬 시머
중간톤－회갈색의 매트
컨투어－황갈색의 시머

목　표: 계란형의 얼굴로 보이고, 시각적으로 미간을 넓혀 주는 효과를 준다.

화장법: 아래턱과 볼에 컨투어 컬러를 표현해 폭을 최대한 작게 한다. 이마에 하이라이트를 주어 넓게 보이도록 해준다. 눈꺼풀의 안쪽 부위에 하이라이트를 주어 시각적으로 눈의 사이를 벌려주는 효과를 준다. 짙은 색의 섀도로 눈의 외곽부위를 선명하게 그려준다.

sherril steinman

얼굴형: 오각형

눈 모양: 눈꺼풀이 덮인 형

섀　도: 하이라이트－베이지 시머
중간톤－회갈색의 매트
컨투어－다크 브라운 시머

목　표: 계란형의 얼굴로 보이고, 덮여 있는 눈꺼풀을 더 열어주는 효과를 준다.

화장법: 아래턱과 볼에 컨투어 컬러를 표현하여 폭을 최대한 작게 한다. 이마에 하이라이트를 주어 넓게 보이도록 해준다. 중간톤과 컨투어 컬러를 바르고 덮인 눈꺼풀에 고루 펴주어 움푹 패어 보이도록 해준다.

linda bird

얼굴형 : 오각형

눈 모양 : 기본형

섀　도 : 하이라이트－베이지 시머
중간톤－회갈색의 매트
컨투어－황갈색의 시머

목　표 : 계란형의 얼굴로 만들어 준다.

화장법 : 아래턱과 볼에 컨투어 컬러를 표현하여 폭을 최대한 작게 한다. 이마에 하이라이트를 주어 넓게 보이도록 해준다. 눈꺼풀에 하이라이트를 주어 눈을 빛나게 해주고 아이 홀과 속눈썹 라인을 집중적으로 뚜렷하게 그려준다.

michelle boye

얼굴형 : 사각형

눈 모양 : 미간이 넓은 형

섀　도 : 하이라이트－베이지 시머
중간톤－짙은 회갈색의 매트
컨투어－황갈색의 시머

목　표 : 계란형의 얼굴로 만들고, 미간을 더 좁게 보이도록 한다.

화장법 : 이마 라인과 아래 턱에 컨투어 컬러를 표현하여 얼굴의 "네모서리"를 부드럽게 해준다. 이마, 코 및 턱의 중심에 하이라이트를 준다. 미간을 더 가깝게 보이도록 하기 위하여 미간의 오목한 부위에 어두운 중간톤을 바른다.

eleanor simon

얼굴형 : 계란형

눈 모양 : 덮인 형

섀 도 : 하이라이트 – 베이지 시머
중간톤 – 짙은 회갈색의 매트
컨투어 – 다크 브라운 시머

목 표 : 덮여 있는 눈꺼풀을 최소화하여, 눈을 더 열려 있고 생기 있어 보이도록 한다.

화장법 : 눈꺼풀의 덮인 부위에 중간톤과 컨투어 컬러를 표현해 덮인 부위와 눈을 돌출시키는 효과를 준다. 덮인 부위를 자연스럽게 들어가 보이도록 하기 위하여 한 가지 색의 중간톤으로 시작하여 그 위에 단계적으로 펴주면 미묘한 색상의 층을 줄 수 있다.

lydia duron

얼굴형 : 오각형

눈 모양 : 눈꺼풀이 덮인 형

섀 도 : 하이라이트 – 베이지 시머
중간톤 – 회갈색의 매트
컨투어 – 다크 브라운 매트

목 표 : 좀 더 계란형의 얼굴로 보이고 덮여 있는 눈꺼풀을 최소화하여, 눈을 더 열려있고 생기있어 보이도록 한다.

화장법 : 아래턱과 볼에 컨투어 컬러를 표현하여 폭을 최대한 작게 한다. 이마에 하이라이트를 주어 넓게 해준다. 덮인 눈꺼풀에 색상을 단계적으로 펴주어 덮인 부위를 최소화하고 눈을 열어준다.

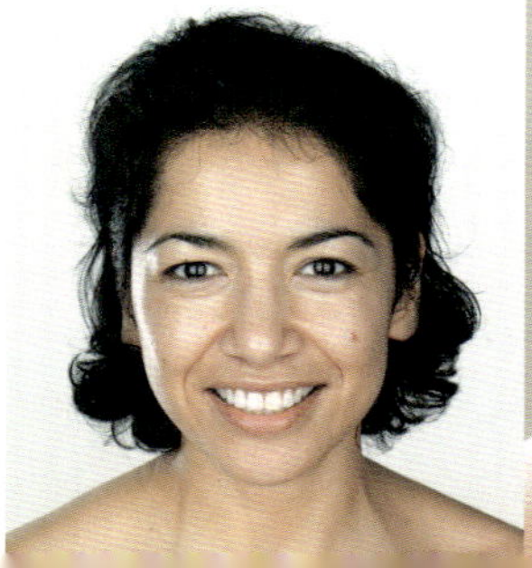

sonja huner mason

얼굴형: 오각형

눈 모양: 미간이 넓은 형

섀　도: 하이라이트–골드 색상 시머
중간톤–마호가니 매트
컨투어–다크 부르고뉴 (짙은 와인색)

목　표: 좀 더 계란형의 얼굴로 보이고 피부 톤을 일치시켜 밝고 생기 있는 얼굴을 만들어 준다.

화장법: 다양한 색조의 파운데이션을 사용하여 피부 톤을 일치시키고 골드 오렌지 컬러의 페이스 파우더로 하이라이트를 주어 피부에 생기를 준다. 부드럽게 볼, 턱 및 관자놀이를 감싸준다. 눈꺼풀에 하이라이트를 표현하고, 미간의 오목한 부위에 컨투어 컬러를 펴주어 시각적으로 미간을 가까워 보이도록 한다.

alischia butler

얼굴형: 사각형

눈 모양: 기본형

섀　도: 하이라이트–골드 색상 시머
중간톤–마호가니 매트
컨투어–다크 부르고뉴 (짙은 와인색)

목　표: 좀 더 계란형의 얼굴로 보이고 피부 톤을 일치시켜 얼굴을 밝고 생기 있게 해준다.

화장법: 다양한 색조의 파운데이션을 사용하여 피부 톤을 일정하게 해준다. 중요한 목적은 골드 오렌지 색상의 페이스파우더로 하이라이트를 주어 얼굴을 밝게 해주는 것이다. 이마 라인과 아래턱에 컨투어 컬러를 표현하여 얼굴의 "네모서리"를 부드럽게 해준다.

Foundation 파운데이션

파운데이션의 색상을 고르는 가장 좋은 방법은 스트라이프 테스트를 하는 것이다.
"실패하지 않기 위한 몇 가지 규칙"이 있다. 스트라이프 테스트는 항상 자연광 상태에서 해야 하며, 필요한 세 가지 색상의 파운데이션을 비교하고 대조한다. (당신이 테스트 할 색상의 부위는 당신의 피부 색조에 따라서 다양하다.) 마지막으로, 당신이 선택한 색상이 당신의 목의 색상과 최상의 일치를 이루면 성공적으로 파운데이션을 선택한 것이다.

아이보리와 베이지 Ivory and beige

만약 아이보리와 베이지의 밝은 피부 톤이라면, 당신의 목과 최상의 일치를 위해 턱에서부터 목으로 걸쳐 스트라이프 테스트를 실시한다. 이러한 피부 타입을 지닌 여성은 얼굴에 홍조를 띠는 경향이 있지만 목은 그렇지 않기 때문에, 완벽한 일치를 찾는 것이 중요하다. 세 가지의 다른 파운데이션 색상의 스트라이프를 턱에서부터 목으로 바르고 피부의 유분이 색상 안료를 변화시키는지 알아보기 위하여 몇 분간 그대로 둔다.

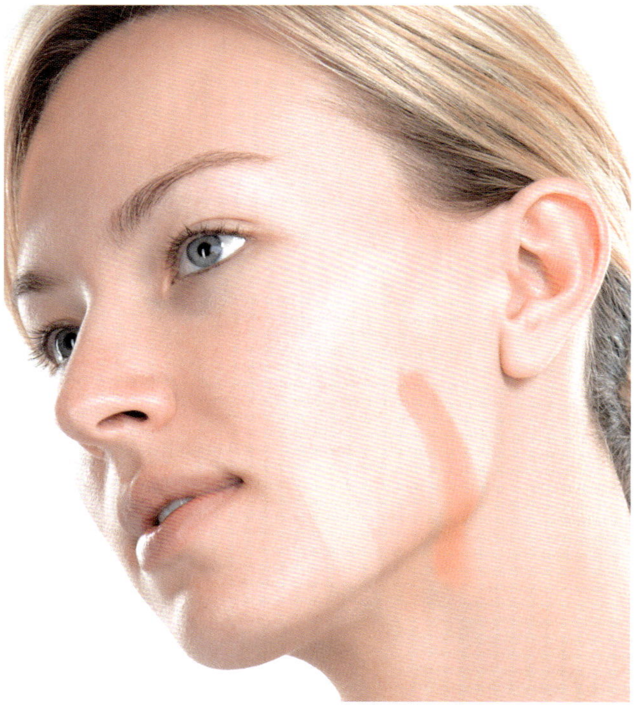

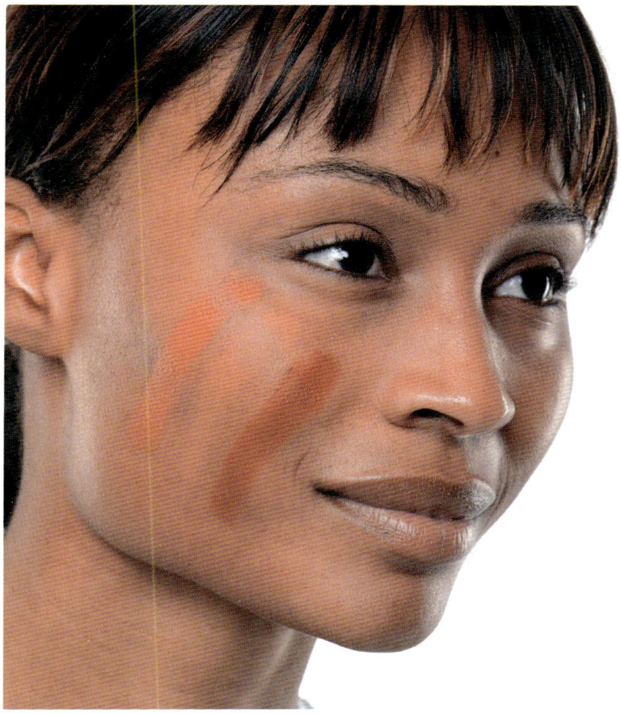

핑크 위에 옐로의 선택
Choose yellow over pink

앞서 언급했듯이, 옐로 파운데이션은 거의 모든 피부 톤을 보완해준다. 핑크색은 얼굴과 목에 핑크색의 언더 톤을 지닌 여성에게 어울리며 이것은 아주 드문 경우이다. 핑크색의 얼굴을 가진 대부분의 여성은 다른 색의 목을 지니고 있다. 핑크색의 얼굴에 바른 핑크 파운데이션은 붉어 보이는데 이는 적절하지 않다. 핑크 빛을 가진 파운데이션과 파우더는 실제로 나이 들어 보이고 부자연스러워 보이는데도 나이가 많은 여성들이 오히려 얼굴에 좀 더 많은 색을 주기 위해 핑크색을 선택한다. 혈색있는 피부 연출은 파운데이션과 파우더가 아니라 블러셔와 립스틱에 의해 나타난다는 것을 명심해야 한다.

옐로 파운데이션은 실제로 빨간 코와 손상된 모세혈관처럼 피부 상태를 보완할 수 있다. 이러한 상태 또는 붉은 피부 톤을 지닌 여성은 온통 빨간 얼굴이 익숙하기 때문에 옐로우 파운데이션이 너무 노랗게 보인다고 종종 느낀다. 시간이 지나면, 피부가 파운데이션을 흡수하고 잘 작용하여 붉게 중화되어 눈에 익숙해지게 될 것이다. 그래서 한층 더 고르고 자연스러운 피부 톤을 느끼게 될 것이다.

반면에, 옐로 피부 톤을 가진 많은 여성은 핑크 파운데이션을 선택함으로써 중화하려 한다. 이 방법은 결코 올바른 방법이 아니다. 더 젊고 신선하고 생기 있어 보이기 위해 피부의 옐로 톤을 기꺼이 받아들이고 강화해야 한다.

애보니 색상의 피부는 아주 명백하고 두드러지기 때문에 원래의 피부 톤과 정확하게 일치시켜야 한다. 그들은 골든 오렌지색에서 갈색까지 분류할 수 있다. 애보니 색상의 피부는 항상 빛나게 하는(밝게 하는 것이 아닌) 것이 좋다는 점을 명심해야 한다. 강렬한 골든 오렌지 톤은 빛나는 애보니 피부에 잘 어울린다.

브론즈와 애보니 Bronze and ebony

브론즈와 애보니의 어두운 피부 톤을 지닌 여성은 때로 "안면 차폐" 또는 얼굴의 안쪽은 밝고 바깥쪽 부분은 어두운 피부를 가지고 있기 때문에 볼에서부터 턱으로 스트라이프 테스트를 해야 한다. 세 가지의 다른 파운데이션 색상의 스트라이프를 볼에서부터 턱으로 바르고 피부의 유분이 색상 안료를 변화시키는지 알아보기 위하여 몇 분간 그대로 둔다.

만약 어느 정도의 안면 차폐를 가지고 있다면, 피부 톤을 완벽하게 표현하기 위하여 두 가지 색상의 파운데이션을 바르는 나만의 노하우를 사용할 것을 권유한다. 한 가지 색상은 피부를 밝게 해주고 다른 하나는 짙게 해준다. 82쪽을 보면 안면 차폐에 단색보다 두 가지 색상을 사용하는 것이 좋은 이유와 사용 방법에 대하여 나와 있다.

Concealer 컨실러

아이보리와 베이지 Ivory and beige

옐로 톤의 컨실러는 자주 사용된다. 옐로 색상은 다크 서클의 자주색과 검버섯의 갈색 그리고 피부홍조의 붉은 색을 포함한 대부분의 피부 결함을 중화시키기 때문에 최상의 컬러 선택이다. 모반이나 아주 심한 다크 서클처럼 피부결함이 더 심각할수록 더 많은 옐로 색상의 컨실러가 필요하다.

브론즈와 애보니 Bronze and ebony

브론즈와 애보니 색상의 피부에는 라이트에서 미디엄 피부 톤을 위한 골든 오렌지 컨실러가 최적이다. 아주 어두운 애보니 톤의 피부에는 일반적으로 따뜻한 브라운 색상의 컨실러가 최적이다.

Powder 파우더

아이보리와 베이지 Ivory and beige

파운데이션과 컨실러처럼, 옐로 또는 중간톤을 지닌 페이스 파우더가 일반적으로 가장 무난한 색상이다. 피부를 인공적이거나 나이 들어 보이게 할 수 있기 때문에 핑크색 톤의 페이스 파우더를 사용하는 것은 권하지 않는다. 당신의 목표는 파운데이션과 정확하게 일치하는 색상의 파우더를 찾는 것이어야 한다. 또는 피부를 온화하게 하거나 피부결함을 고치길 원한다면 옐로 톤의 파우더를 선택해야 한다.

브론즈와 애보니 Bronze and ebony

브론즈와 애보니 색상의 피부 톤을 지닌 여성은 피부를 빛나고 새롭게 하여 아름다운 홍조를 띠게 하기 위하여 골든 오렌지 톤의 파우더를 사용해야 한다. 피부가 검을수록 선명하고 자연스럽게 보이도록 더 많은 따뜻한 브라운 톤을 가진 파우더를 사용해야 한다. 어두운 브론즈와 애보니의 피부 톤은 약간의 시머와 함께 가루 파우더를 사용해야 한다. 피부에 있는 유분을 흡수하고 신선하고 촉촉해 보이도록 해준다. 가루 파우더를 이용해 매트한 느낌으로 마무리하면 브론즈와 애보니 색상의 피부를 건조하고 창백하게 보이게 한다.

파우더에 대해 몇 가지 더 중요한 점은

반투명한 파우더는 혼동하기 쉬운 단어지만, 완전히 보이지 않는 것이 아니다(투명하다). 그것은 다른 파우더 보다는 덜 불투명하지만 무색은 아니며, 특히 짙은 베이지와 황갈색의 피부 톤에 부자연스러워 보인다. 항상 피부 톤과 적절히 일치되는 파우더 또는 피부를 빛나게 해주는 것을 선택하는 것이 중요하다. 반투명한 파우더가 도움이 되는 경우는 감추고자 하는 부위에 파우더를 바를 경우이다.

Eyeshadow 아이섀도

아이섀도를 선택하는데 있어서 가장 중요한 점은… 바로 당신이다! 당신의 눈동자 색을 보고 당신의 피부 톤을 고려하라. 그리고 당신의 눈에 자연스러운 색상을 표현할 수 있는 색조를 선택하라. 당신의 목표는 당신의 눈동자의 색상을 더욱 돋보이게 하고 선명하게 만드는 것이다.—당신의 자연스러운 눈동자 색에 부조화를 주어 매력이 덜해 보이도록 표현해서는 안 된다.

다음 페이지에 있는 차트를 보면 당신의 눈을 돋보이게 하는 색조를 선택하는데 도움이 될 것이다. 푸른 눈에 푸른색 섀도, 초록색 눈에 초록색 섀도는 맞지 않는다. 중요한 점은 당신의 눈 색상과 반대 계열의 색상을 선택하는 것이다. 예를 들어, 푸른 눈에 반대계열의 색상은 따뜻한 색조의 브라운, 황갈색 또는 골드 색상이다.

브라운 색상의 눈을 가진 여성은 최상의 조건을 가지고 있다. 다양한 색상의 시도가 가능하며 자연스러운 눈의 색상을 돋보이게 해준다. 따라서 퍼플, 그린, 골드, 브라운 등 원하는 대로 색상을 선택하면 된다. 브라운 색상의 눈에는 어떤 색상의 섀도도 아름답게 보일 것이다.

차트에 적갈색의 눈이 없는 이유는 단색상이 아니기 때문이다. 적갈색의 눈은 푸른색과 초록색의 혼합색이거나 초록색과 브라운의 혼합색이다. 따라서 이 두 가지 다른 범주에서 당신이 가진 색상에 따라 결정하면 된다. 만약 푸른색과 초록색이 혼합된 적갈색을 가졌다면 블루나 그린 색상에서 선택하면 된다. 만약 초록색과 브라운이 혼합된 적갈색이라면 그린 색상에서 선택하면 된다. 결정은 당신에게 달려있으므로 용기를 내어 시도해보도록 하자.

피부 톤은 고려해야 할 또 다른 점이다. 어두운 애보니 피부를 지닌 여성은 너무 희거나 밝은 색상의 섀도는 선택하면 안 된다. 마찬가지로, 살결이 희거나 창백한 피부를 지닌 여성은 너무 어두운 아이섀도는 피해야 한다. 특히 낮 시간에는 엷고 자연스러운 색상이 극적인 대비의 색조보다 더 잘 어울린다.

마지막으로, 입고 있는 의상과 눈 화장을 일치시킬 필요는 없다. 메이크업은 의상과 마찬가지로 액세서리 역할을 하는 것이고 메이크업이 의상에 대한 액세서리는 아니다.

메이크업의 색상을 의상에 맞추는 것은 가끔 당신의 개성을 반감시키고, 마치 색이 바라듯 당신의 최상의 특색을 돋보이게 하지 않을 수도 있다. 당신에게 가장 잘 어울리는 색을 선택하라. 마치 당신이 이 책의 모델처럼 흰 옷을 입었다고 가정하고 메이크업을 하라. 의상이나 메이크업에 가려 당신의 진정한 아름다움을 잃게 해서는 안 된다.

아이라이너 Eyeliner

눈의 색상과 무관하게, 눈을 선명하게하고 또렷이 하도록 회갈색이나 블랙, 브라운 등 무채색 계열의 아이라이너를 선택하라. 색상 있는 아이라이너는 "튀는" 색상으로 시선을 끄는 데에는 도움이 되지만 보다 극적인 메이크업 표현을 하고 싶을 때를 위해 아껴두기를 바란다.

눈 색상	아이라이너	아이섀도
블루	따뜻한 브라운 (warm brown) 회갈색 (taupe)	풍부하고 따뜻한 브라운 (rich warm browns) 온화한 회갈색 (warm taupes) 부드러운 피치색 (soft peaches)
그린	레드-브라운 (red-brown) 회갈색 (taupe) 퍼플 (purple)	골든 브라운 (golden browns) 온화한 회갈색 (warm taupes) 심홍색 (deep purples) 부드러운 피치색 (soft peaches) 부드러운 바이올렛 (soft violets)
브라운	풍부한 브라운 (rich brown) 목탄색 (charcoal) 회갈색 (taupe) 퍼플 (purple)	골든 브라운 (golden browns) 블루 (blue) 그린 (green) 라이트 마호가니 (light mahogany) 목탄색 (charcoal) 퍼플 (purple)
그레이	목탄색 (charcoal) 짙은 브라운 (deep brown)	목탄색 (charcoal) 차가운 브라운 (cool brown) 퍼플 (purple)

Eyeshadow palette 아이섀도 팔레트

심플하면서도 숙련된 메이크업을 위해 다음에 제시한 아이섀도 팔레트를 활용하면 어떠한 눈의 형태나 피부색에 관계없이 아름답게 보일 수 있다. 하이라이트, 중간색, 포인트의 세 가지 카테고리에 유의한다. 컬러에 있어 이 세 가지의 차이를 활용하여 눈의 형태에 맞게 표현한다. 이것의 테크닉을 익히기 위해 115페이지를 참고한다.

shimmer 시머	flesh 신선한 컬러	highlight 하이라이트	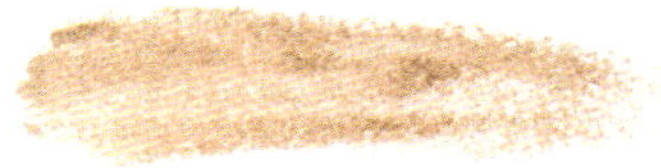
shimmer 시머	beige 베이지색	highlight 하이라이트	
shimmer 시머	gold 황금색	highlight 하이라이트	
matte 매트	sand 모래색	highlight 하이라이트	
matte 매트	taupe 회갈색	midtone 중간톤	
matte 매트	rose 장미색	midtone 중간톤	
matte 매트	dark taupe 어두운 회갈색	midtone 중간톤	
matte 매트	caramel 연한 갈색	midtone 중간톤	
matte 매트	mahogany 적갈색	midtone 중간톤	
shimmer 시머	golden brown 골든 브라운색	contour 컨투어	
matte 매트	dark brown 어두운 브라운색	contour 컨투어	
matte 매트	burgundy 자주색	contour 컨투어	
matte 매트	black 검은색	contour 컨투어	

Blush 블러셔

블러셔는 얼굴에 광택을 표현하고 혈색 있게 만들어준다. 피부에 자연스러우면서도 윤택을 주는 컬러 선택이 중요하다. 블러셔를 표현할 위치를 찾는 좋은 방법은 볼을 위쪽으로 살짝 끌어당겨 돌출되는 부위에 표현하면 자연스러운 블러셔를 연출할 수 있다. 피부 톤이 아이보리나 밝은 베이지면 연한 핑크색을 선택하는 것도 좋지만 더욱 피부를 광택 있고 혈색 있게 보이기 위해 복숭아 색을 선택하는 것도 좋다. 복숭아색은 블러셔 컬러로 가장 좋은 색이다. 복숭아색은 피부의 혈색을 증가시키는 반면 핑크색은 노화된 피부에는 창백하고 인위적인 느낌을 줄 수도 있다.

올리브 색상의 피부 톤을 가진 여성은 얼굴에 풍요로움과 농도를 줄 수 있는 황갈색이나 구리 빛의 따뜻한 톤의 블러셔 컬러를 선택해 자연스러운 연출을 한다.
어둡거나 갈색의 피부 톤을 가진 사람은 자연스러운 혈색을 주기 위해 살구색이나 붉은 기가 도는 따뜻한 톤의 블러셔 컬러를 선택한다. 드라마틱한 연출을 원한다면 피부색보다 진한 벽돌색이나 붉은 기도는 갈색을 선택하면 좋다.
어떤 피부색을 가진 사람이든 블러셔 컬러를 선택하는데 있어 부드러운 느낌을 주고 외관에 자연스러운 혈색을 주는 색상이 가장 좋다.

Lips 입술

립 컬러를 선택하는데 있어 입술의 크기를 고려해야 한다.
입술이 크고 볼륨이 있는 사람은 피부 톤보다 어두운 컬러를 선택한다. 밝은 색은 입술을 지나치게 커 보이게 할 수 있다. 다음의 표는 피부 톤에 따라 적절한 립 컬러를 선택하는데 도움을 준다. 립 컬러를 선택하는데 있어 피부 톤은 매우 중요하다. 아이보리색의 피부 톤을 가진 여성이 초콜릿 브라운 색상의 립 컬러를 바르면 나이 들어 보이고 부자연스러워 절대로 짙은 브라운 계열의 립 컬러를 선택하면 안 된다. 브론즈의 피부 톤을 가진 여성은 아주 밝은 색의 립 컬러를 선택하면 창백하고 인위적인 느낌을 준다.
어두운 색의 립 컬러는 나이 들어 보이고, 따뜻한 톤의 컬러감이 있는 립 컬러는 피부색과 조화를 이루며 얼굴을 생기 있고 젊어보이게 한다. 피부 톤에 맞는 아름다운 입술 연출은 얼굴을 건강하고 활력있게 만들어 준다.

피부 톤(skin tones)	립스틱(lipsticks)
밝은 톤	핑크색 립글로스(glossy transparent pinks) 밝은 복숭아색(light peach) 연한 브라운(honey) 베이지(beige)
중간 톤	중간톤의 핑크(medium pinks) 밝은 커피색(light mocha) 연한 갈색(caramel) 은은한 붉은색(delicate red) 살구색(medium apricots) 중간톤의 복숭아색(tangy peach)
태닝한 톤	진한 붉은색(strong red) 어두운 장미색(deep rose) 포도색(berry) 갈색(toffee) 적갈색(mahogany) 어두운 살구색(dark apricots) 붉은 밤색(brown red)
어두운 톤	갈색 띤 붉은색(deep brownish red) 어두운 포도주(deep berry) 어두운 자홍색(deep fuchsia) 황갈색(golden beige)

6

canvas**prep**

준비 단계

메이크업을 하기 전에 매력적인 눈썹 연출을 위해 몇 가지 간단한 준비 단계를 거치면 시간 들이지 않고 모든 사람의 시선을 모을 만큼 화장을 깔끔하게 마무리 지을 수 있다.

Brow attack 눈썹 연출

잘 정리된 눈썹은 미를 연출하는데 중요하다. 눈썹을 표현하는데 있어 족집게로 아무리 정리를 잘해도 부자연스러우므로 자신의 본래 눈썹을 최대한 유지하는 것이 좋다. 눈썹의 형태는 부드러운 곡선도 있고 두꺼운 직선형태도 있다. 직선형의 눈썹을 곡선형으로 만들려면 본래의 눈썹을 다 뽑아내고 그 위에 새로운 눈썹을 그려야 하는데 절대로 상식 없이 무작정해서는 안 된다. 다음 페이지에 자연스러운 눈썹을 그리는 최상의 방법을 제시하고자 한다.

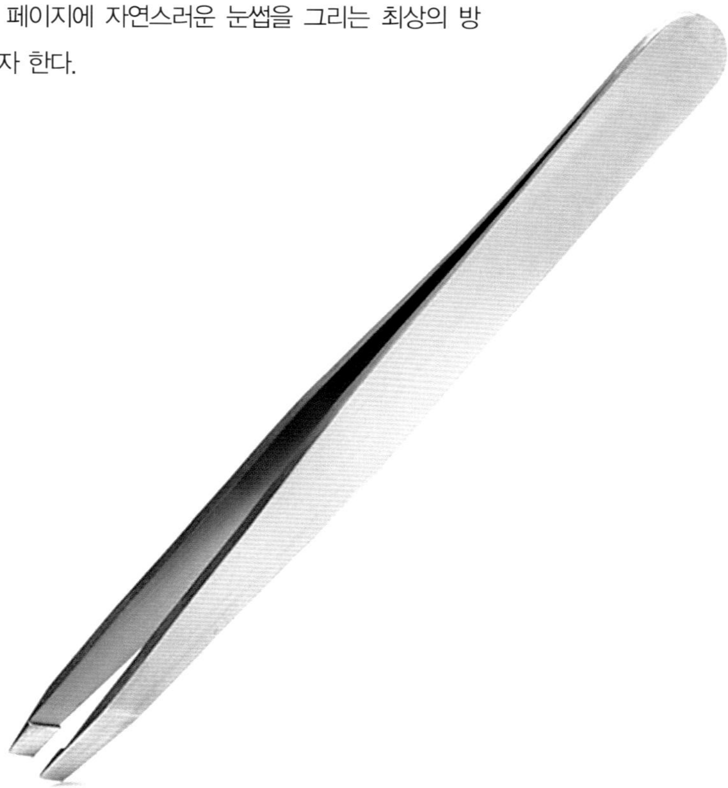

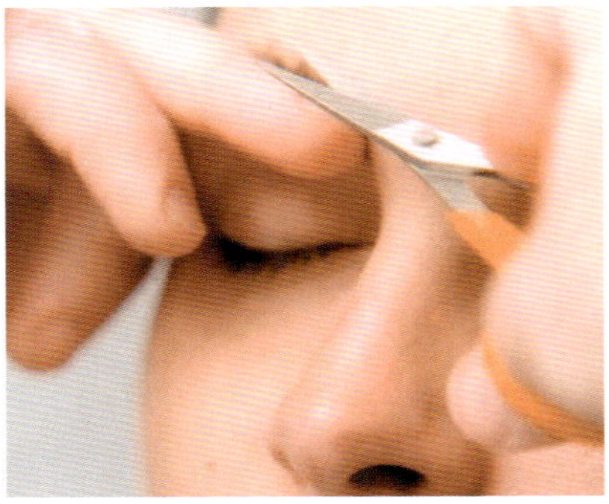

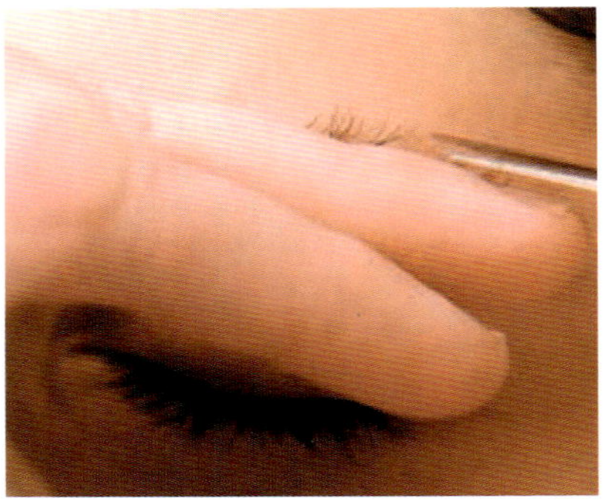

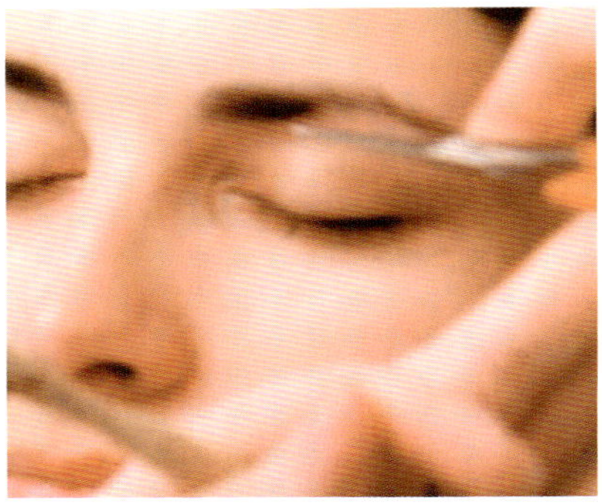

Application:

먼저 눈썹 정리에 필요한 족집게, 눈썹용 브러시, 작은 가위, 하얀색 아이 펜슬을 준비한다.
자신의 눈썹 형태를 살펴본다.
진하고 숱이 많은 눈썹은 다듬거나 밝은 색 컬러를 입혀 부드럽게 만든다.
눈썹을 정리하려면 눈썹용 브러시를 이용하여 눈썹을 위쪽으로 빗어주고 눈썹라인 위로 튀어나온 눈썹들을 가위로 잘라낸다. 다음으로 눈썹을 아래쪽으로 빗어주고 눈썹라인 아래로 튀어나온 눈썹들을 다시 가위로 잘라낸다.
눈썹의 끝은 색이 밝고 컬이 져 있어 육안으로 보는 것 보다 훨씬 더 길다. 이렇게 정리하면 숱이 많은 눈썹을 자연스럽고 깔끔하게 만들 수 있다.
눈썹을 정리할 때 족집게로 뽑지 말고 먼저 가위로 잘라낸 다음에 뽑아야 자연스럽게 눈썹의 형태를 살리면서 정리할 수 있다.
눈썹의 숱이 적고 듬성듬성 나 있는 눈썹은 일단 전체적으로 색을 엷게 만들어야 한다. 이렇게 하면 눈썹의 윤곽선이 만들어지고 눈썹을 그리기 쉽다.
먼저 족집게로 눈썹을 뽑아낸다.
샤워 후 모공이 충분히 확장된 후에 뽑으면 덜 아프다. 눈썹이 나 있는 방향대로 뽑아야 자연스러운 눈썹을 완성할 수 있다.
한쪽 눈썹을 뽑아낸 다음에는 다른 쪽 눈썹을 뽑는데 좌우 균형을 고려해 눈썹을 앞 뒤 방향으로 살펴가며 정리한다. 항상 눈썹이 나 있는 같은 방향으로 뽑아야 자랄 때 지저분해 보이지 않는다.
눈썹을 뽑을 때 좋은 방법은 먼저 자신이 원하는 눈썹의 형태를 흰 펜슬로 그려 윤곽을 잡은 뒤 나머지 부분을 정리하면 쉽고 자연스러운 눈썹을 만들 수 있다.

Tip

지나치게 눈썹을 많이 뽑지 않도록 주의한다. 특히 나이가 들어 보이는 사람은 눈썹이 너무 가늘고 숱이 없으면 더욱 나이 들어 보인다. 왁스로 털을 제거하는 것은 바람직하지 못하다. 왁싱은 털이 나있는 반대방향으로 제거하는 것으로 털이 자랄 때 불규칙하고 지저분하게 나며 계속 반복하게 되면 피부가 자극을 받아 손상된다.

A

눈썹의 형태를 잡는 방법을 알아보자

눈썹을 완벽하게 그리기 위해서는 세 가지 포인트가 있다.

POINT A.

연필이나 브러시의 손잡이를 콧방울에서 수직으로 세워 눈썹과 맞닿는 곳이 눈썹의 시작 부분이다.

POINT B.

콧구멍에서 눈동자 홍채의 중앙 부분을 지나 대각선 방향으로 눈썹과 맞닿는 곳이 눈썹에서 가장 높은 부분이 된다. 포인트 a에서 b까지 눈썹을 제거할 때 이 지점을 향하여 눈썹이 점점 가늘고 얇아지도록 하면 자연스러운 눈썹 형태를 만들 수 있다.

B

C

POINT C.

콧구멍에서 눈 꼬리 쪽을 지나 대각선 방향으로 눈썹과 맞닿는 곳이 눈썹의 끝부분이 된다. 포인트 b에서 c까지 눈썹을 제거할 때 역시 점점 두께가 얇아지도록 하면 얼굴형에 맞는 가장 이상적인 눈썹을 그릴 수 있다.

Moisturizer 수분 공급

피부에 수분을 공급하는 것은 피부를 부드럽게 하고 피부 결을 매끄럽게 하는데 꼭 필요하다. 클렌징이 잘 된 피부에 모이스처를 공급하며 모공이 넓은 피부는 메이크업하기 전에 화장 솜에 묻혀 몇 분간 얼굴 위에 얹어 두면 효과적이다. 피부 타입별로 수분 공급을 위한 모이스처의 양을 조절한다.

Primer 프라이머

프라이머는 피부에 매우 좋은 효과를 준다. 파운데이션이 피부에 매끄럽게 표현되도록 하며 지속력을 높여 준다. 프라이머 안에는 빛을 반사해주는 성분이 들어 있어 얼굴의 그늘진 곳을 커버해 주며 하루 종일 피부를 맑아 보이게 한다. 또한 피부의 피지 막과 파운데이션 사이에 보호막 역할을 하여 피지로 인해 파운데이션의 색상이 변색되는 것을 막아준다. 모이스처를 공급한 다음 파운데이션을 바르기 전에 프라이머를 바른다.

Exfoliate 각질 제거

입술 표면을 부드럽고 매끄럽게 하기 위해 규칙적으로 각질 제거를 해 준다. 샤워를 한 직후에 하는 것이 가장 좋다. 립 밤을 충분히 바르고 몇 분간 그대로 두어 흡수되도록 한다. 모가 부드러운 칫솔을 이용하여 입술을 가볍게 문지른 뒤 립 밤을 다시 바른다. 자극을 주는 것이 싫다면 칫솔대신 타월을 이용해도 좋다. 각질을 제거한 후에는 반드시 수분 공급을 해 준다. 규칙적인 각질 관리는 립스틱이 부드럽게 발려지도록 하며 입술을 더욱 젊고 매끄럽게 해 준다.

Tip

아이섀도 하기 전에 눈꺼풀에 모이스처 제품을 바르면 색에 균열이 생기고 지속력이 떨어지므로 바르지 않는 것이 좋다.
립스틱을 바르기 전에 입술에 모이스처 제품을 바르면 매끄러움과 부드러움을 유지할 수 있다.

7

skin**deep**

피부 타입

우리는 종종 이렇게 말하거나 듣는다. "나는 이런 피부 타입을 가졌어." 모든 사람들은 각자의 피부 타입이 있다. 자신이 피부 타입을 정확히 알면 어떤 종류의 파운데이션을 선택할 지는 쉬운 일이다. 자신에게 맞는 파운데이션 선택법을 알아보자.

피부 타입	특징	공급	파운데이션 타입
건 성	노화 피부, 영양 부족, 탄력 부족, 손상, 클렌징 후 피부 당김, 작은 모공	수분 공급, 영양과 노화 방지 성분 포함	모이스처 성분, 액체 성분, 무스 타입
정 상	손상 없음, 지나치게 유분기가 있거나 건조하지 않음, 적당한 크기의 모공 부드럽고 매끄러운 피부결, 건강한 혈색	pH-밸런스를 맞춰주는 제품	크림 타입이나 파우더 타입, 모이스처 성분, 리퀴드 타입, 크림 타입, 스틱 타입, 무스 타입
지 성	여드름, 넓은 모공, 번들거림, 손상, 잔주름 적음, 탄력이 좋음	유분없는 제품, 여드름을 유발하지 않는 제품 ; 오일 함량이 적은 제품	크림 타입이나 파우더 타입, 오일 없는 액체 타입, 수분 베이스, 파우더 컴팩트, 무스 타입
민 감	쉽게 붉어짐, 검버섯과 부스럼, 붉은기가 있음, 제품에 민감함, 피부 결이 얇고 예민함	저자극성 제품, 수분을 포함한 무향 제품, 자외선 차단제가 포함돼 있지 않은 제품	수분 베이스의 리퀴드 타입, 무스 타입, 틴트(모이스처라이저) 파우더 컴팩트

Applying foundation 파운데이션 표현하기

파운데이션을 선택하는 것은 메이크업을 하는 데 있어 아주 중요하다. 파운데이션을 선택하기에 앞서 다음의 몇 가지 사항을 고려해야 한다.

1. 피부 타입이 어떠한가?
2. 본래 가지고 있는 피부 톤이 어떤 색인가?
3. 얼마큼의 커버력을 원하는가?
4. 어떤 타입으로 연출할 것인가?

이것을 고려하면 파운데이션을 선택하는데 도움이 된다. 또한 어떤 타입으로 연출할 것인가를 결정하는 것은 피부 타입에 따라 좋은 효과를 줄 수 있다. 보송보송한 피부 연출은 중/지성 타입의 피부에 표현하는 것이 좋다. 충분한 파운데이션 표현으로 여드름 자국, 상처, 얼룩 같은 피부 결점을 커버하고 번들거림이 없도록 한다. 손가락을 이용하여 파운데이션을 발라 지나치게 두꺼운 피부 표현이 되지 않도록 한다. 촉촉이 젖은 듯 한 피부 연출은 수분을 공급해주므로 건성 피부에 좋다. 지성 타입은 태양이나 조명 아래에서 피부에 패인 곳이나 흉터와 같은 피부 결점을 두드러지게 하므로 지성 피부를 제외한 모든 타입의 피부에 표현할 수 있다. 하지만 한여름이나 수분이 많은 지역에서는 피부가 지나치게 광택 있거나 번들거려 보이므로 때와 장소에 따라 연출하는 것이 좋다. 매끄러운 피부 연출은 지나치게 유분이 많은 피부를 제외하고 모든 피부 타입에 좋다. 피부를 매끄럽고 부드러워 보이게 하며 마무리가 매트처럼 다소 건조하거나 너무 번들거리지 않고 중간 정도의 느낌을 주게 된다. 매끄러운 피부 연출은 가장 일반적인 방법이다. 광택이 있는 피부 연출은 피부 표면에 빛을 반사시켜 피부의 흠집이나 주름이 눈에 덜 띠게 해준다.

파운데이션을 바르는 데는 세 가지 방법이 있다.

스펀지는 빨거나 교체할 수 있어 가장 위생적이다. 파운데이션을 섞을 때도 유용하다.

브러시도 파운데이션을 섞거나 커버력 있게 표현하는데 유용하다. 또한 하루 종일 지워지지 않는 지속력을 가지는 데도 유용하다. 스펀지나 브러시 같은 도구를 사용한 후에는 반드시 깨끗이 빨아 보관해야 한다.

스펀지나 브러시 외에 손가락을 사용하는 것도 좋은 방법이다. 손가락을 이용할 때 모이스처 제품이나 크림 등의 기초화장품을 사용한 후에는 반듯이 깨끗이 씻고 파운데이션을 발라야 한다. 잔여물이 손에 묻어 있으면 파운데이션의 성질을 오염시키고 커버력 성분을 약화시키기 때문이다.

기초 BASIC

파운데이션을 바를 때는 얼굴의 중앙 부분인 양 볼과 이마에 작은 동전크기로 찍어 놓고 바깥쪽을 향해 펴준다. 끝으로 얼굴의 솜털이 나 있는 방향대로 위에서 아래쪽을 향해 펴 주어 들떠 보이지 않도록 한다. 파운데이션을 다 바른 후에는 티슈로 눌러 피부에 남은 유분기를 흡수시킨다. 이렇게 하면 파운데이션을 오랫동안 지속시킬 수 있다. 소량의 파우더로 마무리 한다.

Tip

자연스러운 피부 연출을 위한 가장 좋은 방법은 커버력이 없는 가벼운 파운데이션을 얇게 바르고 피부에 결점이 있는 곳에 컨실러를 발라 커버하는 것이다. 파운데이션은 입술 위에도 바른다. 입술 형태를 바꾸거나 수정할 때 본래의 입술 라인이 보이지 않도록 해주며 립스틱 색상을 오래도록 유지시켜준다.

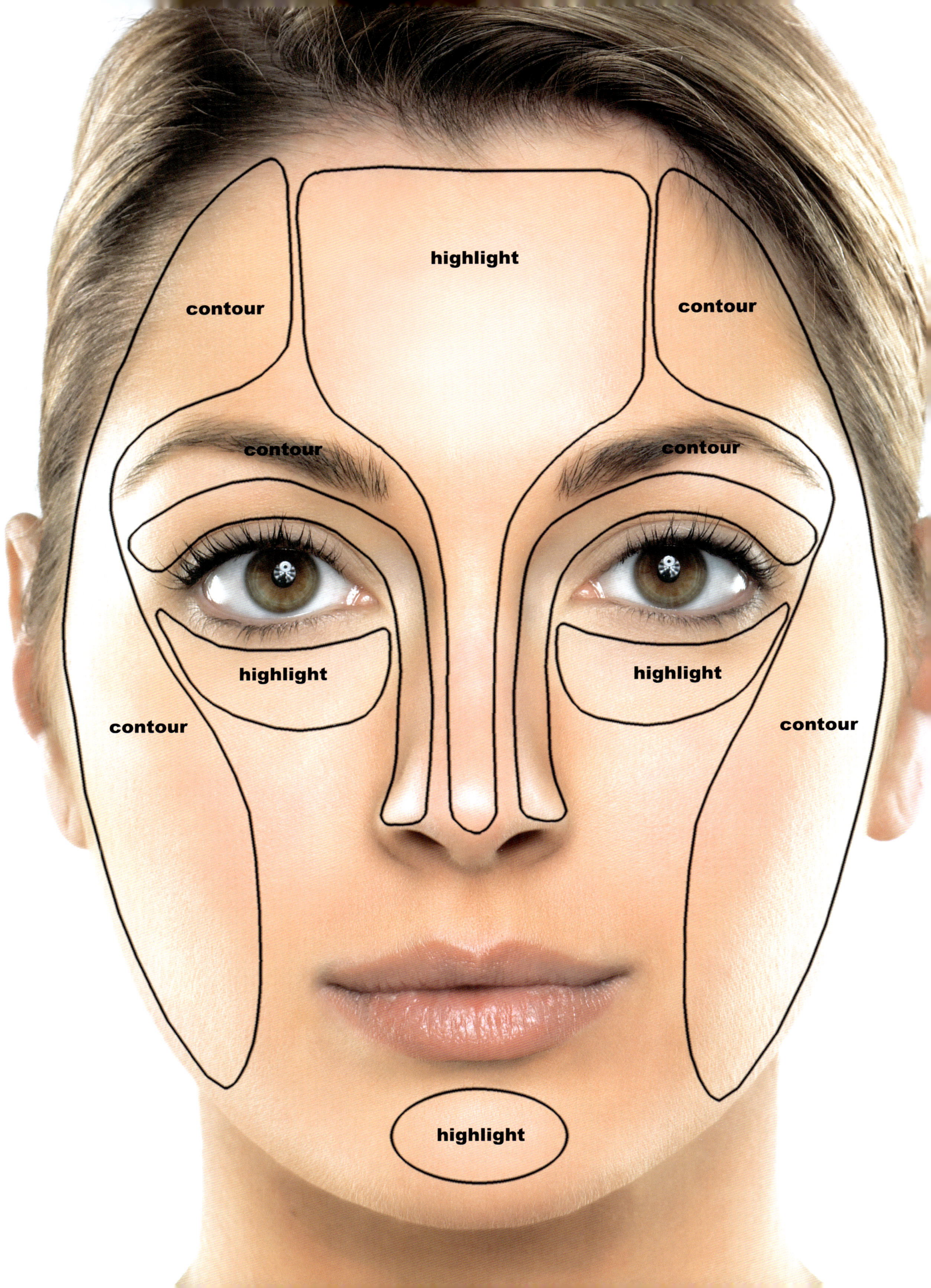
highlight
contour
contour
contour
contour
highlight
highlight
contour
contour
highlight

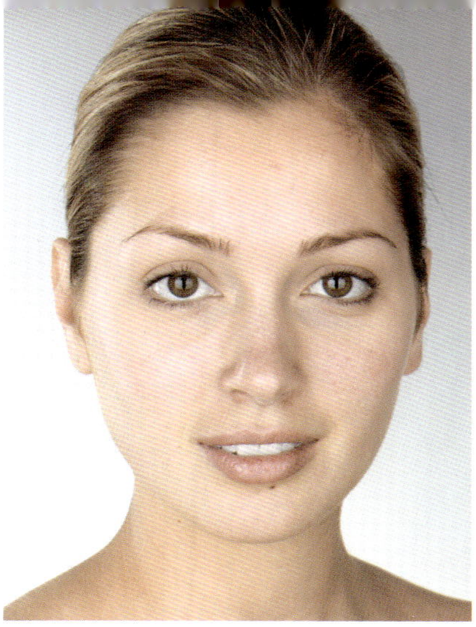

얼굴형 수정 Sculpting the face

많은 여성들이 얼굴이 작아 보이기를 희망한다. 얼굴이 작아 보이기 위한 가장 좋은 방법은 파운데이션과 파우더를 이용하는 것이다. 이것을 잘 활용하면 가장 이상적인 계란형 얼굴로 만들 수 있다.
파운데이션의 타입에 관계없이 다음의 방법으로 얼굴형을 수정한다. 파운데이션이나 파우더의 색상 톤을 세 가지 단계로 준비한다.

1. 첫 번째 색상 톤은 피부색과 일치하는 것으로 이것이 기본 파운데이션 색상이 된다.

2. 두 번째 색상은 가장 밝은 것으로 기본 색상보다 한 단계 밝은 것으로 선택한다.

3. 세 번째 색상은 컨투어 컬러로 기본 베이스 색상보다 한 단계 어두운 것으로 선택한다.

세 가지 색상 톤이 지나치게 차이가 나지 않도록 하는 것이 좋다.

왼쪽에 있는 도형은 위의 세 가지 색상이 얼굴의 어느 부위에 표현되어야 하는지를 보여준다. 얼굴의 형태는 차트 8의 90페이지를 참고하도록 한다. 세 가지 색상들의 표현과 조화가 잘 이루어져야 얼굴의 형태를 수정할 수 있다.

Step 1. 기본 파운데이션 색상을 얼굴 전체에 펴 준다. 얼굴선을 따라 계란 모양의 형태를 가늠해 본다. 달걀형의 폭은 양 눈동자간의 너비를, 높이는 이마 끝에서 턱 끝까지의 길이로 형상화시킨다.

Step 2. 두 번째 색상인 하이라이트 컬러를 계란 형태 안쪽의 돌출 되어진 부분과 이마, 눈 밑, 광대뼈, 턱 끝에 표현한다. 하이라이트 부분에 맨 먼저 시선이 닿게 된다.

Step 3. 컨투어 색상인 어두운 컬러를 계란 형태의 바깥쪽 부분과 관자놀이, 헤어라인 주변과 양 볼의 바깥 부분에 표현한다. 얼굴의 바깥쪽 부분을 어둡게 함으로써 얼굴 면적이 작고 폭이 좁아 계란 형태로 보이게 한다. 피부색이 아이보리나 베이지로 밝다면 하이라이트 표현을 생략하고 컨투어 컬러만 표현하며, 구리 빛이나 흑갈색의 어두운 피부라면 컨투어 컬러의 표현을 생략하고 하이라이트만 표현한다.

코를 높아 보이게 하는 방법을 소개하고자 한다. 원하는 넓이와 길이만큼 콧대 중앙에 하이라이트 컬러를 펴준다. 그리고 컨투어 컬러를 양쪽 코 벽에 펴 주면 눈이 하이라이트 부분으로 당겨지면서 콧대가 좁아 보이는 효과를 준다. 콧대가 약간 비뚤어진 사람은 코끝을 향하여 일직선으로 곧게 하이라이트를 펴 준 뒤 주변에 컨투어 컬러를 표현하면 코가 똑바로 보인다. 완벽한 얼굴 형태로 수정하려면 파우더도 세 가지 다른 컬러로 준비해야 한다. 기본 색상의 파우더는 기본 파운데이션이 표현된 부위에, 하이라이트는 하이라이트 부위에 컨투어 컬러는 컨투어 컬러가 표현된 부위에 바르면 어떤 얼굴 형태이든 이상적인 계란형으로 만들 수 있다.

얼굴 수정 Facial masking

자연스러운 피부는 얼굴의 외곽부분이 어둡고 중앙으로 올수록 점점 밝아지는데 이것은 피부가 어두운 사람도 마찬가지다. 다음의 몇 가지 간단한 연습을 통해 얼굴을 수정하는 법을 익히도록 하자.

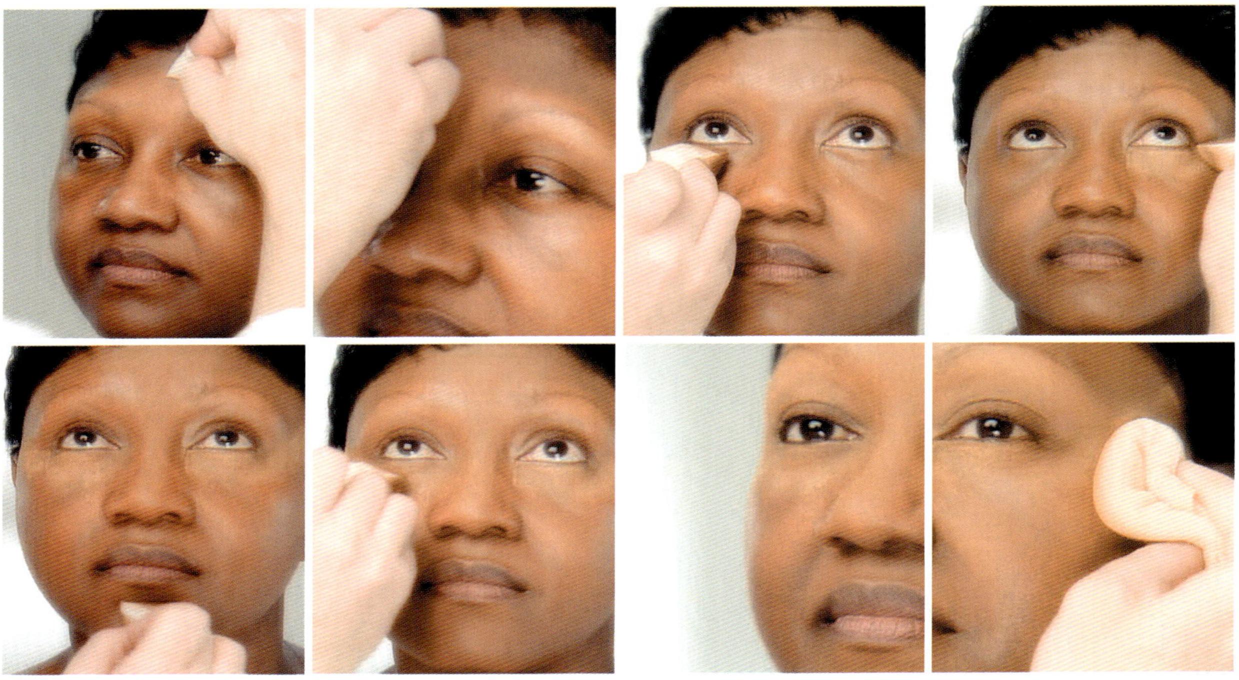

1. 먼저 볼과 아래턱 쪽에 두 줄로 파운데이션 컬러를 테스트하여(스트라이프 테스트) 피부에 맞는 밝은 색과 어두운 색의 두 가지 파운데이션 색상을 선택한다(p.52 참조). 이 두 가지 파운데이션으로 얼굴을 수정한다. 밝은 컬러는 얼굴에 그늘이 지는 곳에 표현해 밝게 만들고, 어두운 컬러는 돌출되어진 부위에 표현해 들어가 보이도록 만들어 얼굴 전체의 굴곡을 완만하게 만들어 준다. 스트라이프 테스트는 얼굴의 굴곡진 부분을 조화롭게 만들어 줄 파운데이션 색상을 선택하는데 도움을 준다.

2. 얼굴의 그늘진 부위에 밝은 색 파운데이션을 잘 펴준다.

3. 얼굴의 돌출된 부위에 어두운 색 파운데이션을 잘 펴준다.

4. 페이지 77에서처럼 기본 색상의 파운데이션을 이용해 세 가지 색상이 얼굴 전체에 잘 믹스가 되도록 펴 준 뒤 그 위에 기본 색상의 파우더를 바르고 이마, 눈 밑, 광대뼈 위, 턱 끝을 포함한 하이라이트 파운데이션이 표현된 부위에 밝은 색 파우더로 마무리 한다.

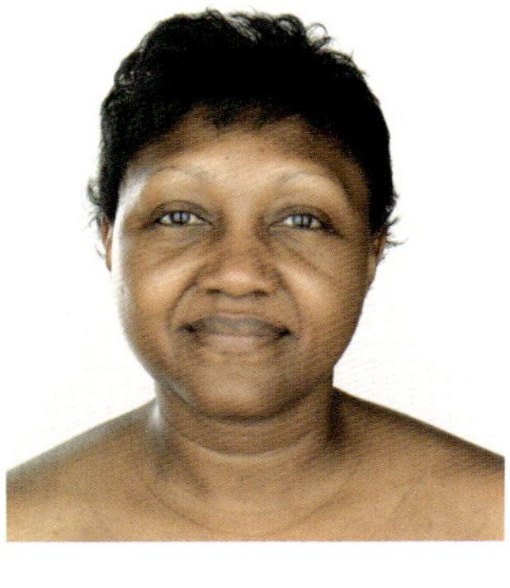

phyllis r. sammons

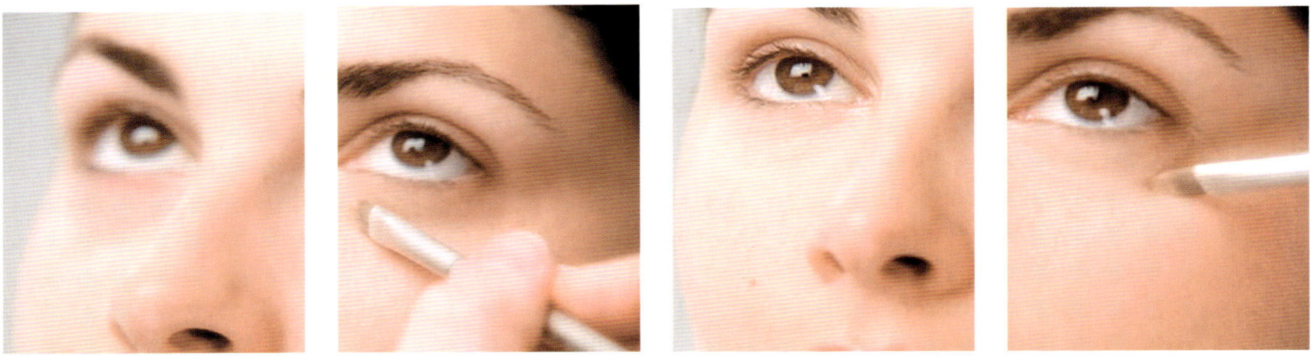

Concealer 컨실러

컨실러는 티나지 않으면서 자연스럽게 피부의 결점을 보완할 수 있다. 주름과 탄력 저하로 인해 변색된 피부의 톤을 마치 본래 피부인 것처럼 자연스럽게 변화시켜 줄 수 있는 것이 컨실러의 강점이다. 눈 밑은 빛에 반사되면 혈관이 푸르고 회색조를 띠우므로 커버하려면 완벽하게 차단을 하면서 질감이 고운 제품을 선택해야 한다. 수분 함량이 충분하여 결이 얇은 눈 밑에 부드럽게 펴지며 주름을 커버할 수 있어야 한다. 질감이 두껍고 수분이 없는 제품은 눈 밑처럼 민감한 부분이나 주름이 있는 곳에 사용해서는 안 된다. 그러므로 자신의 피부 타입에 적당한 제품을 선택해야 한다. 기본 파운데이션 색상과 동일한 색이나 눈 밑에 다크 서클이 심한 경우는 두 단계 밝은 색의 컨실러를 선택한다. 컨실러를 파운데이션과 조화롭게 표현하려면 파운데이션하기 전 단계나 파운데이션을 표현한 다음에 사용한다. 하지만 조금 밝게 표현하고 싶다면 파운데이션을 표현하기 전에 사용하는 것이 좋다.

브러시를 이용하여 얼굴에 그늘이 생겨 변색된 부분에 피부 결을 따라 컨실러를 넓게 펴 주면 피부가 전체적으로 밝아진 느낌이 들 것이다. 다시 손가락을 이용하여 피부 결을 따라 가볍게 두드리고 콕 콕 눌러주는 동작으로 컨실러가 매끄럽게 표현되도록 한다. 눈의 앞머리 부분이나 눈꺼풀도 그늘이 져 있다면 그 위에도 컨실러를 표현한다.

다크 서클이 심한 경우 기본 파운데이션 색상보다 두 단계 밝은 색의 컨실러를 파운데이션 표현하기 전에 발라준다. 그 위에 파운데이션을 바를 때는 밀지 말고 두드리거나 눌러주는 동작으로 표현해야 바른 컨실러가 닦여 나가지 않는다. 아이보리나 베이지 톤의 밝은 피부색에는 노란 색상의 컨실러가 좋다. 구릿빛이나 어두운 톤의 피부에는 골드 오렌지 색상의 컨실러가 좋다. 이 두 가지 색상의 컨실러는 얼굴이 붉거나 푸르거나 갈색조의 모든 변색된 부분을 효과적으로 커버해 준다.

다크 서클 Dark circles

눈가에 아이크림을 충분히 바르고 2~3분간 그대로 두어 충분히 흡수되도록 한다. 티슈나 스펀지로 눌러 잔여물을 흡수시킨다. 아이크림은 컨실러의 밀착력을 높이므로 눈 밑이 건조한 경우 컨실러가 뭉치고 들 떠 보이지 않도록 반드시 사용한다. 눈 밑은 다른 부위보다 땀샘이 적어 유분기가 없으므로 수분을 충분히 공급해야 한다. 아이크림은 충분히 바를수록 좋으나 유분기가 너무 많이 남아 있으면 컨실러를 바를 때 밀착력이 떨어질 수 있으므로 아이크림을 바르고 몇 분이 지난 후 흡수되지 않은 잔여물을 흡수시켜 컨실러의 밀착력을 높이도록 한다.

Tip

노화된 피부를 가진 사람이 눈 밑에 컨실러를 하고 너무 많은 양의 파우더를 바르게 되면 주름이 더 강조되어 보인다. 그러므로 파우더를 소량 사용하고 손가락을 이용하여 결을 따라 가볍게 두드려준다.

ca fisher

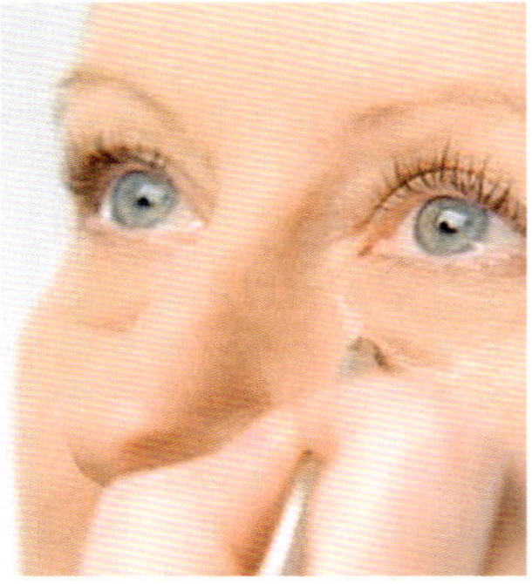

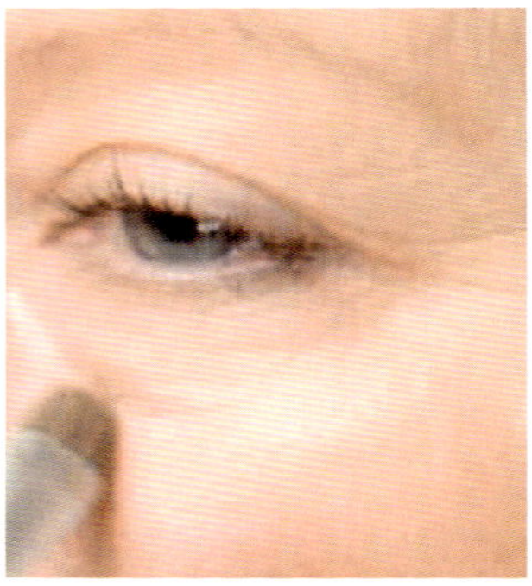
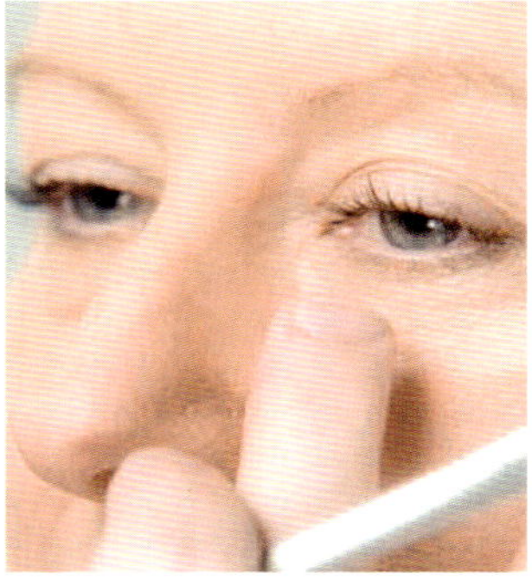

눈 밑 부음 Under-eye puffiness

눈 밑이 부어 불룩하게 튀어 나온 것은 아무리 컨실러를 많이 표현해도 완벽하게 커버되지 않는다. 얼굴에 컨실러를 표현하여 어느 정도의 다크 서클 등을 커버할 수는 있지만 전혀 없는 것처럼 만들 수는 없다. 그러나 눈 밑의 붓기를 없애줄 수는 없지만 없는 것처럼 위장시킬 수는 있다. 눈 밑에 하이라이트를 표현하여 커버할 수 있는데 부은 눈 밑을 살펴보면 중앙이 밝고 바로 밑부분에 그늘이 져있다. 그러므로 그늘진 부분에 하이라이트를 표현하면 눈 밑의 붓기를 다소 커버할 수 있다. 이 그늘진 부분을 밝게 하면 돌출돼 보이는 착시현상을 일으켜 평평해 보이고 피부와 균일하게 되어 사리지게 만드는 것이다.
브러시 끝에 소량의 컨실러를 묻혀 부은 눈 밑의 움푹 들어간 부분에 바른 뒤 손가락을 이용해 두드리듯 펴낸다. 많은 여성들이 그렇듯이 다크 서클이 있다면 다음과 같이 한다.

1. 먼저 다크 서클이 있는 부위에 컨실러를 바른다.
2. 나머지 부분에 기본 파운데이션을 펴 준다.
3. 부은 눈 밑에 하이라이트 컬러의 컨실러를 펴 준다. 여러 번 덧바르지 말고 가볍게 한 번만 표현하며 펴줄 때는 반드시 밀지 말고 두드리는 동작으로 표현해야 한다.

Tip

컨실러의 색상이 너무 밝으면 오히려 커버한 것이 티가 나고 부자연스럽다. 컨실러에 소량의 아이 크림을 섞어 사용하면 가볍게 표현 할 수 있다. 손목 안쪽의 정맥이 흐르는 부위에 소량의 컨실러를 사용하여 색상을 테스트 한다.

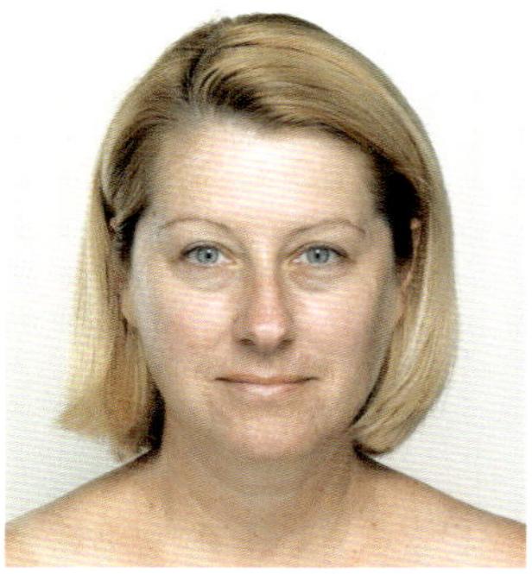

madeleine zeisler

피부 결점 Skin imperfections

얼굴을 살펴보면 결점이 없는 여성은 거의 없다. 자외선이나 유전적 요인이 피부에 영향을 미치는데 다행히 시중에 여러 종류의 컨실러가 있어 피부의 결점을 커버시켜 주고 외관을 더욱 아름답게 표현할 수 있다.

흠집 Blemishes

상처 등으로 생긴 피부의 흠집은 커버력이 강한 컨실러를 사용해야 피부 밀착력이 높고 염증을 유발시키지 않는다. 먼저 파운데이션을 바르고 같은 색상의 컨실러를 사용한다(밝은 색은 흉터를 더욱 크게 보이게 한다). 브러시를 이용하여 흉터 부위에 얹어 주고 사방으로 펴 준 다음 손가락으로 두드려 피부와 경계선이 생긴 부위를 자연스럽게 펴준다.

모세혈관 또는 정맥 확장 Broken capillaries or veins

피부의 변색된 부위에도 컨실러를 사용하여 커버해 준다. 브러시로 모세혈관 또는 정맥이 확장된 부위에 컨실러를 바르고 경계선 주변을 손가락으로 잘 두드려 펴준다.

홍조 Rosacea

홍조로 붉어진 부분은 노란 색 컨실러를 사용하는데 너무 넓게 펴지 말고 붉어진 부분에만 커버하도록 한다. 경계 부분을 두드려 펴 발라 피부와 자연스럽게 조화되도록 한다. 그 위에 다시 파운데이션을 두드리듯 펴 발라 피부 톤과 일치하도록 한다.

색소와 기미 침착 Hyperpigmentation or melasma

검버섯이나 기미 등은 햇빛에 과다 노출되거나 임신 중 호르몬의 분비가 왕성해지면서 생긴다. 변색된 부위에 컨실러를 사용하여 커버할 수 있다. 컨실러를 넓게 펴주면 이것만으로도 얼굴 전체가 밝고 깨끗해 보인다. 컨실러를 바른 후에는 반드시 손가락으로 경계선을 펴 준다. 다시 얼굴 전체에 파운데이션을 두드리듯 펴 발라 피부 전체의 톤을 맞춰준다. 아이보리나 베이지 색상의 밝은 피부를 가진 여성은 노란색 컨실러를, 구릿빛이나 어두운 피부를 가진 여성은 골드 오렌지를 사용한다.

흉터 Scar

일반적으로 흉터는 모공이 없는 곳에 생겨나 컨실러로 커버하기에 어렵다. 왜냐하면 모공이 메이크업의 흡착력을 높이는 역할을 하기 때문이다. 흉터를 커버하기 위한 컨실러는 커버력이 강한 유분기가 없는 것이 적당하며 브러시를 이용하여 흉터 부위에 바로 얹은 뒤 경계선 부분을 두드려 펴 준다.

이런 컨실러가 없다면 모이스처 제품을 그 위에 바른 뒤 소량의 파우더를 바른다. 모이스처 성분이 피부에 파우더의 흡착력을 높여 준다. 그런 다음 브러시를 이용하여 일반 컨실러를 발라 준다. 이렇게 하면 컨실러가 파우더에 섞여 유분기 없는 질감의 컨실러를 표현할 수 있다.

사용할 파운데이션의 타입에 따라 컨실러의 종류도 달라지며 파우더의 색상도 달라진다. 커버력이 강한 컨실러를 사용한 부위에는 나머지 부위에 사용할 파우더의 색상보다 밝은 파우더를 사용한다. 그렇지 않으면 시간이 지날수록 컨실러를 바른 부위가 점점 어두워져 보인다.

여드름으로 인한 흉터는 다양하므로 가장 좋은 방법은 완벽하게 커버하는 것인데 우선은 최대한 유분기가 없도록 해야 한다. 이 때 가루형 파우더를 사용하면 좋다. 또한 파운데이션과 컨실러를 충분히 발라 패인 부분을 메워 주는 것이 중요하다.

ann brown

파우더 Powder

파우더는 메이크업을 하는데 꼭 필요하다. 파운데이션을 고정시키고, 피부를 윤기 있고 부드러워 보이게 하며 벨벳같이 매끄러운 피부로 연출시킨다. 파우더 안에는 유분기를 흡수해 주는 성분이 있으므로 항상 휴대하여 시간이 지나면 덧바르도록 한다.

커버를 많이 한 부위나 점을 커버한 부위에는 스펀지로 파우더 하는 것이 좋다.

브러시는 가장 쉽게 사용할 수 있는 일반적인 도구다. 자연스럽게 파우더를 펴기에 좋지만 너무 많은 양을 한꺼번에 표현하지 않도록 주의한다. 한 번에 많은 양의 파우더를 사용하기 보다는 조금씩 나누어 여러 번 파우더 하는 것이 피부를 매끄럽고 커버력 있게 표현할 수 있다.

파우더 퍼프(분첩)는 커버력 있는 표현을 위한 가장 좋은 도구다. 파우더 퍼프에 파우더를 찍어 얼굴 위에 둥글리 듯 파우더 한다. 파운데이션이나 파우더를 할 때 얼굴에 밀면서 누르는 동작은 피부 표면에 부자연스러운 느낌을 주므로 주의한다. 마지막에 브러시를 이용하여 얼굴의 아래쪽을 향하여 파우더의 잔여물을 가볍게 털어내 준다.

손가락을 사용하는 방법은 소량의 파우더를 할 때 용이하다. 노화된 피부에 파우더하거나 눈 밑에 파우더 처리할 때 좋다. 손가락에 파우더를 살짝 묻힌 뒤 손바닥에 믹스하여 양을 조절해 눈 밑에 컨실러가 표현된 부위와 미세 주름이 있는 곳에 결을 따라 가볍게 펴준다.

Tip

옐로 베이스의 파우더는 얼굴을 건강하고 자연스러워 보이게 한다. 완벽한 피부 커버를 원한다면 파운데이션에 컨실러를 소량 섞어 사용한다.

8

face**shape**

얼굴 형태

세상에는 똑같은 생김새와 똑같은 얼굴 형태를 가진 사람은 없다. 그럼에도 불구하고 모든 사람들이 똑같은 방법으로 메이크업을 한다. 이 장에서는 다양한 얼굴 형태를 보여주고 당신의 얼굴형을 더욱 아름답게 보이기 위해 어떻게 메이크업해야 하는지에 대해 살펴보기로 한다.

Oval face 계란형 얼굴

계란형의 얼굴형은 가장 완벽하며 미적 조화를 갖는 이상적인 얼굴 형태이다. 일반적으로 양 볼의 폭이 넓으며 이마와 턱 선이 끝으로 가면서 갸름하다. 이러한 이상적인 조화는 얼굴에 컨투어 컬러나 하이라이트 컬러를 표현할 필요가 없다. 어떠한 트렌드적인 메이크업도 다 소화할 수 있으므로 무엇이든 맘껏 표현해도 좋다.

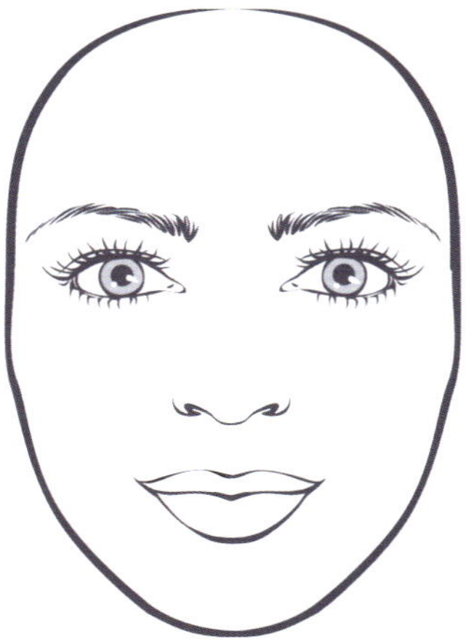

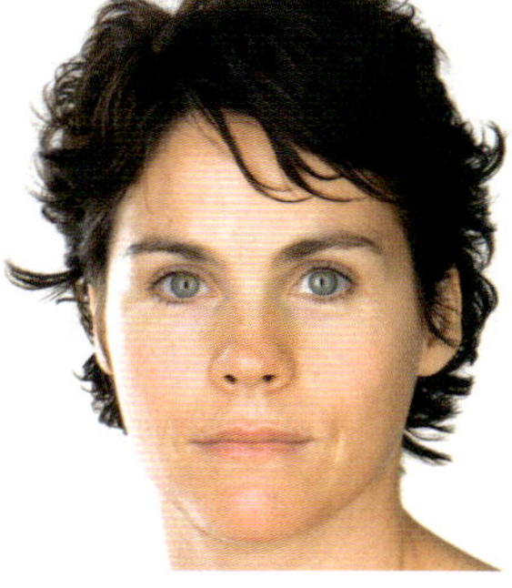

jamie cruise-vrinios

Round face 둥근형 얼굴

둥근 얼굴 형태는 풍만해 보이고 일반적으로 다른 얼굴 형태보다 젊어 보인다. 세로의 길이가 짧고 가로가 넓은 편이며 양 볼이 풍만하며 턱이 둥글다.

얼굴 수정

이마와 눈 밑, 광대뼈의 정 중앙, 그리고 턱 중앙에 하이라이트를 표현하고 얼굴 바깥쪽이 넓어지지 않도록 중앙을 향하여 펴 준다.

관자놀이, 양 볼, 그리고 아래턱선 라인에 1~2단계 어두운 색상으로 컨투어 컬러를 표현하여 계란형 얼굴로 만들 수 있다.

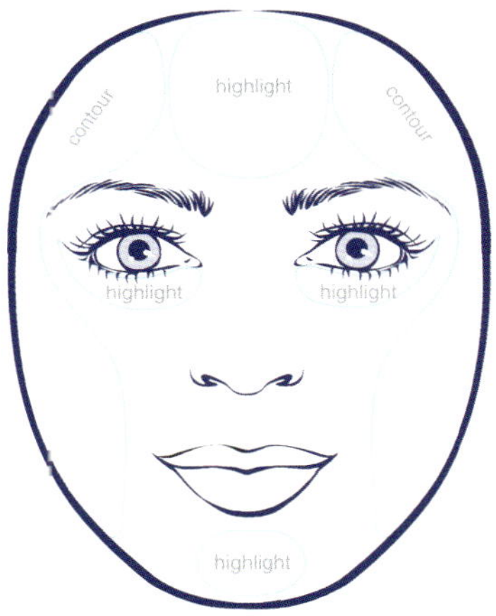

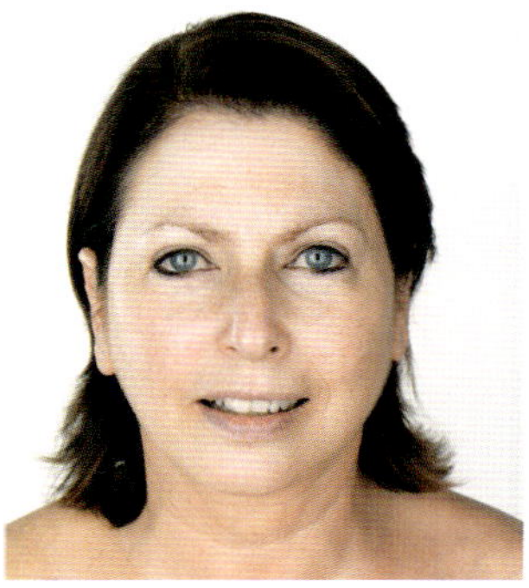

carol aaron

Square face 사각형 얼굴.

사각형 얼굴은 이마, 볼, 아래턱이 모두 발달된 형태이다.

얼굴 수정

이마의 중앙 부분, 눈 밑, 광대뼈의 정 중앙, 그리고 턱 끝에 하이라이트를 표현하여 얼굴의 중앙 쪽으로 시선이 모이도록 한다.

관자놀이를 포함한 헤어라인 주변과 아래턱에 컨투어 컬러를 표현 한다.

광대뼈의 돌출된 부위에 블러셔를 하고 각진 부분과 면적이 넓은 부위에 같이 연결하여 얼굴이 갸름해 보이도록 한다.

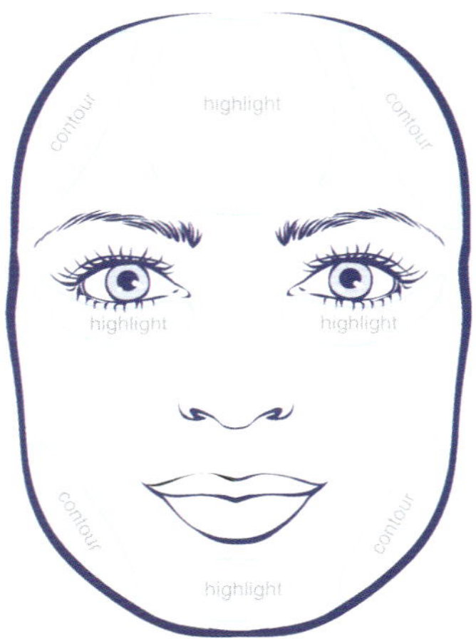

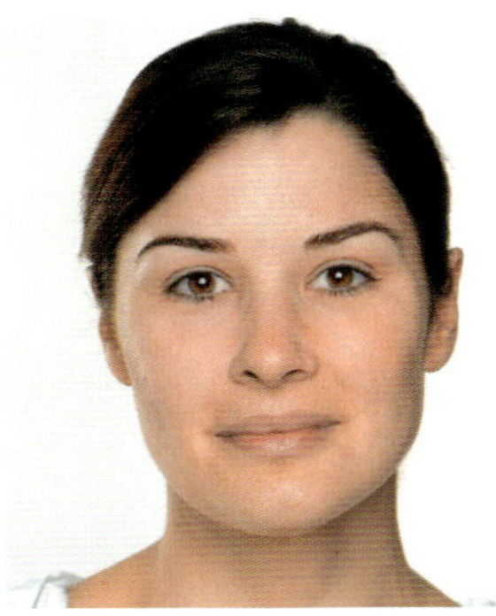

heart-shaped face 역삼각형 얼굴

역삼각형 얼굴은 광대뼈와 이마의 폭이 넓고 턱 쪽으로 갈수록 뾰족하고 폭이 좁아져 마치 트라이앵글을 거꾸로 뒤집어 놓은 듯 한 형태이다.

얼굴 수정

턱 쪽에 하이라이트를 표현하여 넓어 보이도록 한다. 이마, 눈 밑, 광대뼈 정중앙에 하이라이트를 표현하여 얼굴의 중앙 쪽으로 시선이 모이도록 한다.

관자놀이와 볼 쪽에 컨투어 컬러를 표현하여 얼굴이 바깥쪽으로 넓어 보이는 것을 보완한다.

Tip

얼굴형을 수정할 때는 충분히 파우더 하여 뭉치지 않고 잘 펴지도록 한다. 만약 어두운 컬러를 사용하고 싶다면 파우더를 더 충분히 하고 경계선이 생기지 않도록 잘 펴 주어야 한다.

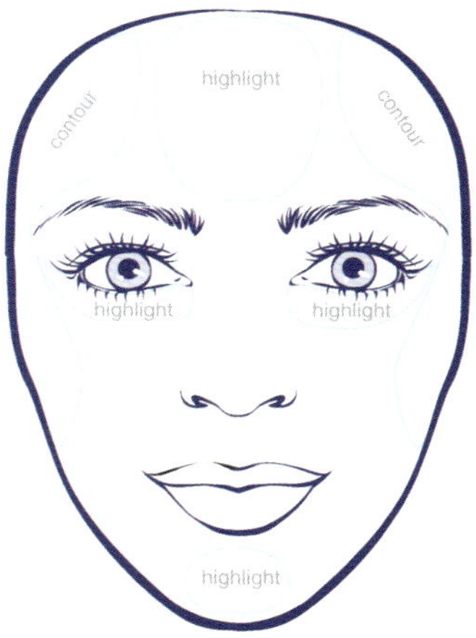

Pear-shaped face 오각형 얼굴

오각형 얼굴은 관자놀이와 이마의 폭이 좁고 양 볼과 아래 턱 선이 넓은 형태이다.

얼굴 수정

이마가 넓어 보이도록 하이라이트를 주고 눈 밑과 광대뼈의 정 중앙 및 턱 끝에 하이라이트를 표현한다.

아래 턱 선과 볼에 컨투어 컬러를 표현하여 넓은 폭을 감소시킨다.

Tip

모든 얼굴 형태는 헤어스타일을 통해서도 밸런스를 맞추어 줄 수 있다. 오각형의 경우 앞머리를 내리거나 관자놀이를 덮고 머리의 탑 부분에 볼륨을 주는 것이 좋다.

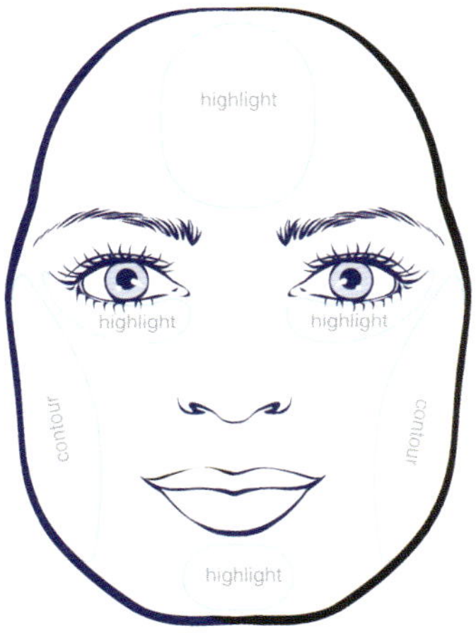

Long face 긴 형 얼굴

긴 형의 얼굴은 광대뼈의 위치가 높고 이마가 높으며, 전체적으로 뾰족하고 아래 턱 선이 좁고 갸름하며 턱이 길다.

얼굴 수정

하이라이트나 컨투어 컬러를 표현하지 않는다. 자칫 얼굴이 더 길어 보일 수 있다.
턱 선을 따라 가로로 소량의 블러셔를 표현하여 길이를 다소 짧아 보이게 만든다.
광대뼈의 돌출된 부위에 블러셔를 폭 넓게 표현한다. 이렇게 하면 얼굴이 넓고 짧아보이게 할 수 있다.
앞머리를 가려주는 것도 얼굴의 길이를 짧아보이게 하는데 도움이 된다.

Tip

블러셔를 할 때 광대뼈의 돌출된 부위에 충분히 표현한 뒤 얼굴의 바깥쪽으로 교차하듯이 연결한다(얼굴의 아래쪽으로 블러셔가 많이 내려오지 않도록 주의한다).

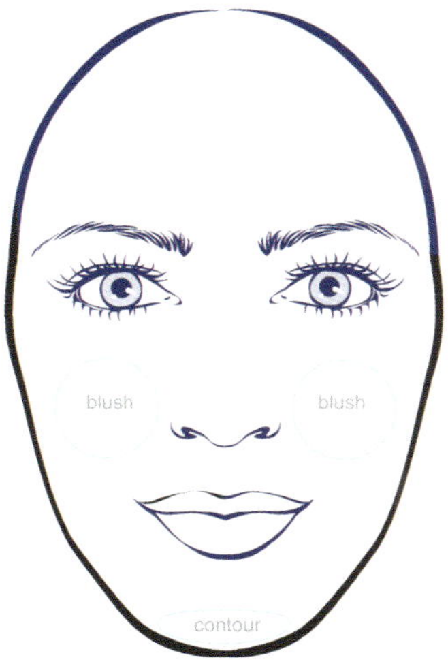

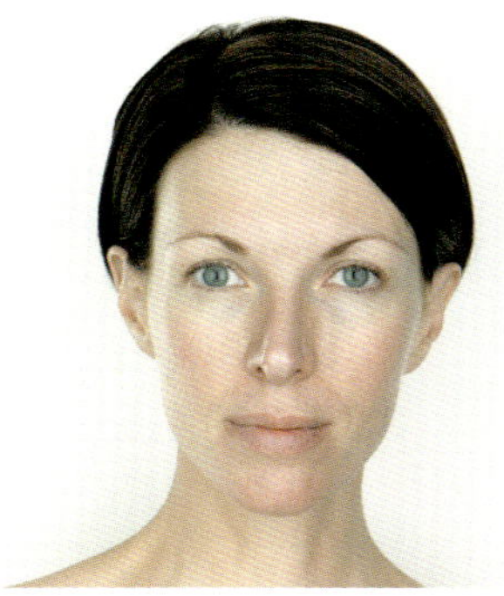

9

eyeshape

눈의 형태

아이섀도를 표현하기 위해서 눈의 형태를 파악하고 눈의 어느 위치에 컬러를 표현해야 하는지를 아는 것이 중요하다. 지금부터 다양한 눈의 형태를 살펴 볼 것이며 개성있고 아름다운 눈매를 연출하기 위한 방법을 익힌다. 또한 다양한 눈동자 색상에 어울리는 아이섀도 컬러를 선택하는 것도 익히도록 한다.

susan freeman

눈꺼풀이 덮인 눈Hooded eyes

눈꺼풀이 덮인 눈은 잠이 덜 깬 것처럼 눈꺼풀이 반쯤 감은 듯한 느낌을 준다. 이런 눈은 눈꺼풀을 얇게 만들어 눈동자가 커 보이도록 만들어야 한다. 부은 눈꺼풀을 위쪽으로 밀어 넣거나 움푹 들어가게 만들어 눈동자가 눈꺼풀보다 또렷해 보이도록 해야 한다.

눈꺼풀 전체에 어두운 아이섀도를 바르면 눈꺼풀이 무겁고 눈동자를 덮어 더 작아보이게 하므로 사용하지 않는다.

눈썹 뼈에 하이라이트를 지나치게 많이 표현하면 부은 눈이 더욱 강조되므로 주의한다.

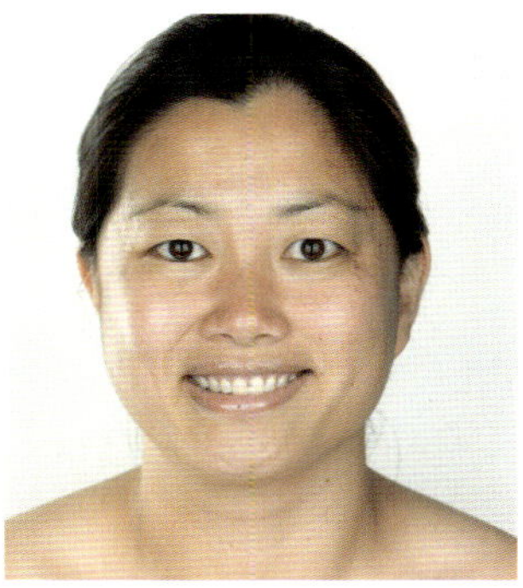

Application:

1. 하이라이트: 눈썹 뼈와 속눈썹 라인 위쪽에 표현한다.

2. 중간톤: 속눈썹 라인에서 시작하여 눈꺼풀 전체에 펴주어 움푹 들어가는 효과를 준다. 하이라이트를 표현한 곳과 경계선이 생기지 않도록 연결시킨다.

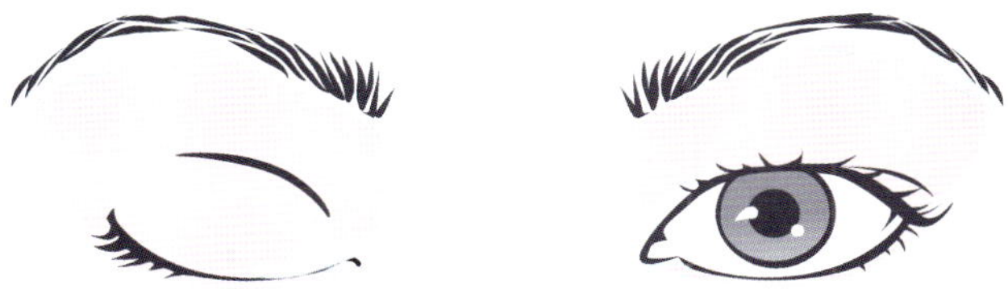

3. 컨투어 컬러: 속눈썹 라인 쪽에서 시작하여 눈꺼풀의 바깥 부분에 표현하는데 이 때 위로 높고 옆으로 길게 펴 주면 눈꺼풀이 움푹 들어가는 효과를 줄 수 있다. 아래 속눈썹 라인 부분에도 컨투어 컬러를 연결하여 눈매를 또렷하게 만든다. 눈꺼풀이 부은 눈은 속눈썹 라인의 위쪽과 아래쪽에 반드시 컨투어 컬러를 표현해야 눈매를 보완해 줄 수 있다.

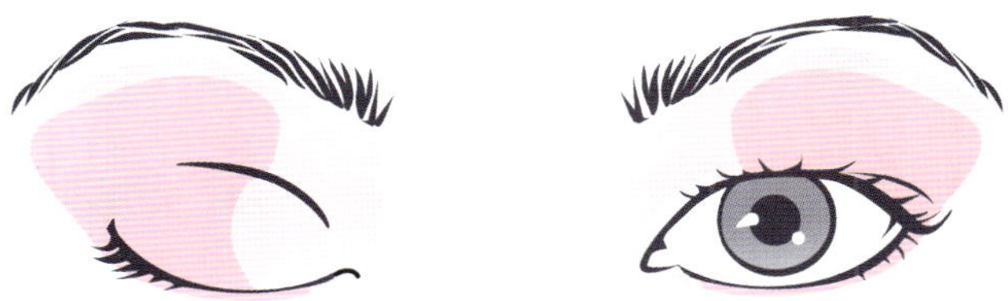

Tip

눈썹의 형태가 매우 중요한데 매력적인 눈썹을 연출하여 시선이 눈꺼풀에 가지 않도록 한다.

pam shaw

Wide-set eyes 눈 사이가 먼 눈

눈과 눈 사이의 공간이 눈의 크기보다 넓으면 눈 사이가 먼눈의 형태라 할 수 있다. 그러므로 눈 사이가 가깝게 보이도록 수정해야 한다.

눈 안쪽의 움푹 들어간 부위에 어두운 컬러를 표현하고 코벽 주위로 연결시킨다. 어두운 컬러는 눈이 들어가 보이게 만들고 눈 사이가 가까워 보이게 만든다.

어두운 컬러를 표현할 때는 눈 앞쪽에서 시작하여 바깥쪽으로 펴 주어 앞쪽이 더 어두워 보이게 해야 한다. 눈 꼬리 쪽을 더 어둡게 하면 눈이 길어 보이고 눈 앞쪽을 더 어둡게 하면 눈 폭이 좁아 보인다.

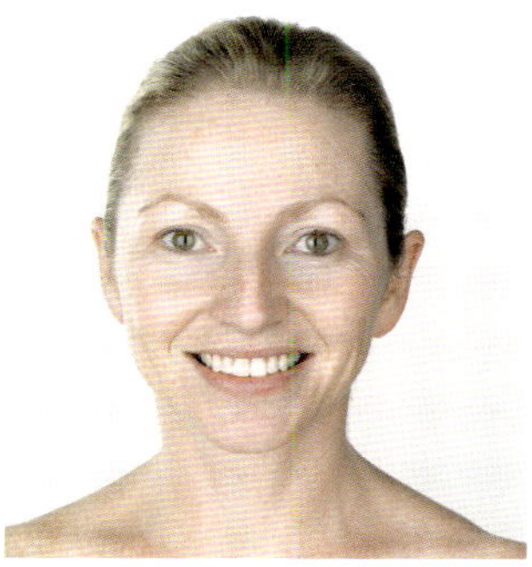

Application:

1. 하이라이트: 눈썹 뼈와 눈꺼풀에 하이라이트를 표현한다.

2. 중간톤: 눈 꼬리 쪽에서 시작하여 눈의 앞머리 쪽을 향하여 펴주되 눈의 앞쪽에 양을 더 많이 표현해 색이 더 깊어지게 만들어 시각적으로 눈 사이가 가까워 보이도록 해야 한다.

3. 컨투어 컬러: 눈 꼬리 쪽에서 시작하여 눈꺼풀의 위쪽을 향하여 교차하듯 펴 준다. 아래 속눈썹 라인에도 연결하되 눈 꼬리 쪽 부분에서 바깥쪽 부분으로 넓어지지 않도록 주의한다.

missy brumley

Prominent eye 돌출된 눈

눈꺼풀과 눈이 크고 튀어나온 듯 한 인상을 주면 돌출된 눈의 형태라 할 수 있다. 이러한 눈의 형태는 시각적으로 들어가 보이고 안쪽으로 움푹 들어간 듯 하게 수정을 해야 한다. 밝고 어두운 색과 중간색의 아이섀도 컬러를 이용하여, 가장 어두운 컬러를 속눈썹 라인에 표현하고 눈썹을 향하여 색이 점점 약해지도록 펴주면 효과를 볼 수 있다.

눈꺼풀에 절대로 하이라이트를 하면 안 된다. 눈이 더욱 돌출돼 보일 수 있다.

전체를 어둡게 하거나 점진적으로 어두워지도록 섀도를 하면 돌출을 최소화하고 눈이 움푹 들어가 보이게 할 수 있다.

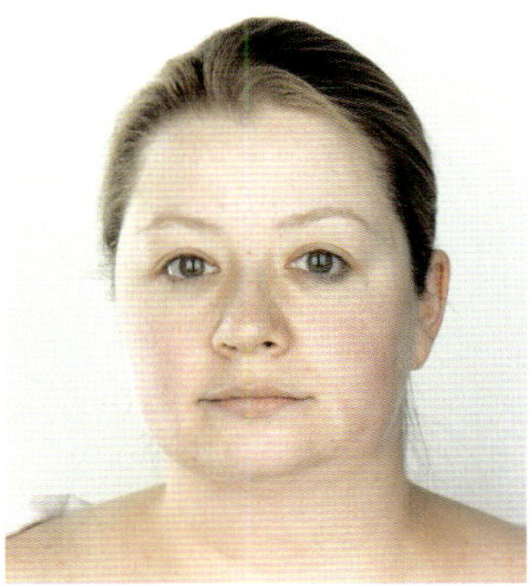

Application:

1. 하이라이트: 눈썹 뼈에만 하이라이트를 표현한다.

2. 중간톤: 속눈썹 라인에서 시작하여 눈썹 뼈를 향하여 위쪽으로 눈꺼풀 전체에 펴준다.

3. 컨투어 컬러: 다시 속눈썹 라인에서 시작하여 눈꺼풀 위로 교차하듯이 펴준다. 그런 다음 아래 속눈썹 라인에도 같이 연결해 준다.

judie mccoy

Deep-set eyes 움푹 들어간 눈

움푹 들어간 눈은 눈이 안구 쪽으로 깊이 들어가 있는 눈의 형태를 말한다.
눈썹 뼈 또한 다른 형태의 눈보다 밖으로 더욱 돌출되어 있다. 이러한 형태의 눈은 움푹 들어가 작아 보이는 눈을 커 보이게 수정해야 한다.

눈꺼풀을 어둡게 표현해서는 안 된다. 움푹 들어간 곳에 최대한 하이라이트를 표현하여 눈이 나와 보이게 해야 한다.

어두운 색으로 포인트를 주는 것 또한 필요 없다. 눈에 저절로 포인트가 지는데 더욱 강조할 필요는 없다.

눈썹 뼈의 하이라이트 표현 또한 이미 돌출되어 있으므로 필요 없다.

아이라이너를 표현하고 싶다면 속눈썹 라인에 최대한 가깝고 가늘게 그려준다. 아이라인을 두껍게 그리면 오히려 눈을 보정하는데 역효과가 난다.

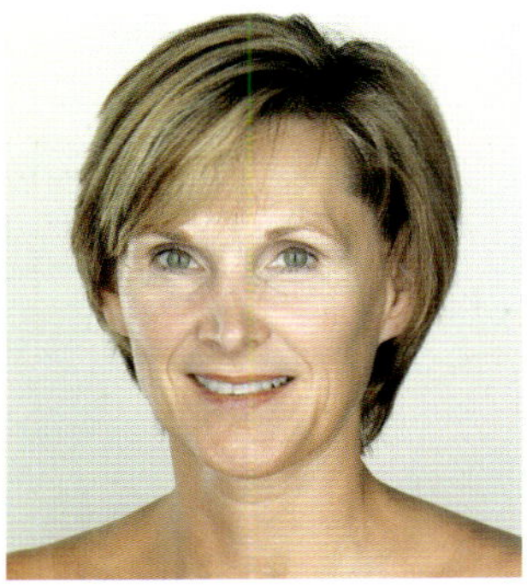

Application:

1. 하이라이트: 눈꺼풀과 눈꺼풀이 패는 부분(홀 라인)에 하이라이트를 표현한다.

2. 중간톤: 눈꺼풀이 패는 위쪽 부분과 눈썹 뼈 부분에 표현하여 돌출된 부분이 다소 들어가 보이도록 한다.

3. 컨투어 컬러: 눈 꼬리 쪽 속눈썹 라인 위쪽에 표현하고 눈썹 뼈 위쪽으로 연결하여 돌출된 부위가 들어가 보이도록 한다. 아래 속눈썹 라인에도 연결하여 눈이 선명해 보이도록 한다.

Tip

눈꺼풀을 어둡게 하면 눈이 더 작아보이므로 절대로 표현해서는 안 된다. 밝은 색상의 아이섀도만 사용하는 것도 좋은 방법이다.

taylo moore

Close-set eyes 눈 사이가 모인 눈

이상적인 눈과 눈 사이의 거리는 눈 하나의 크기가 들어갈 정도가 적당하다. 만약 눈 사이가 이것보다 좁다면 눈 사이가 모인 눈의 형태를 가지고 있다. 눈 사이가 넓어 보이도록 수정해야 한다.

눈 앞머리의 움푹 팬 곳과 콧벽 사이를 최대한 밝게 표현하여 눈 사이의 간격을 벌어지게 만든다.

어두운 색은 눈 꼬리 쪽에만 표현해야 한다.

Application:

1. 하이라이트: 눈꺼풀과 눈썹 뼈에 표현하고 눈 앞쪽의 뾰족한 부위에 위아래를 연결하여 하이라이트를 표현한다.

2. 중간톤: 눈 꼬리 쪽에서 시작하여 눈썹 앞머리를 향하여 펴주되 눈 앞머리와 콧대 쪽까지 표현되지 않도록 한다.

3. 컨투어 컬러: 눈 꼬리 쪽에서 속눈썹 라인을 따라 눈의 움푹 패인 곳이 맞닿는 부분(홀 라인)까지 펴 주고 눈 아래 속눈썹 라인까지 연결하여 눈매를 또렷하게 만들어 준다. 이때 눈의 앞쪽 부분에는 표현하지 않는다. 눈의 앞머리 부분에 하이라이트를 주어 눈 사이가 멀어져 보이게 한다.

Tip

눈매를 또렷하고 커 보이게 하기 위해 흰색이나 베이지색 아이펜슬을 눈 안쪽의 점막 주변에 칠해주면 효과적이다.

lisa madson

Droopy eyes 눈꺼풀이 처진 눈

처진 눈은 눈 꼬리 쪽이 아래를 향해 경사져있는 눈의 형태를 말한다. '슬픈 강아지 눈'이라 불리기도 한다. 눈 꼬리 쪽이 덜 처져 보이게 수정 해야 한다.

눈 꼬리 쪽이 오픈되도록 하는 것이 가장 좋은 방법인데 처진 눈 꼬리 부분에는 어떤 색상도 사용하지 않는 것이 바람직하다.
자연스럽게 두어 눈 꼬리가 올라가 보이도록 한다.

마스카라를 속눈썹의 중앙 부분에 집중적으로 발라준다. 눈 꼬리 쪽을 강조하는 것은 눈을 더욱 처져 보이게 만든다.

눈썹의 형태는 꼬리가 바깥쪽을 향하여 커브지는 형태가 좋다. 절대로 아래를 향하는 아치형의 눈썹을 그리면 안 된다.

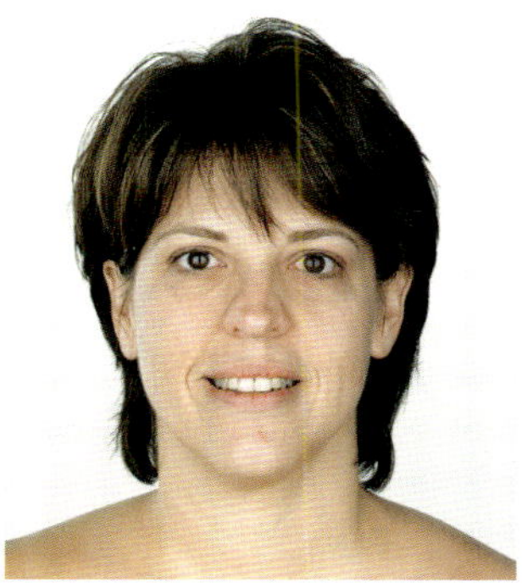

Application:

1. 하이라이트: 눈썹 뼈와 눈꺼풀에 하이라이트를 표현한다.

2. 중간톤: 눈과 뼈가 맞닿는 부위(아이 홀)에 표현하되 눈의 바깥쪽에서 시작하여 눈의 앞머리를 향하여 펴 준다.

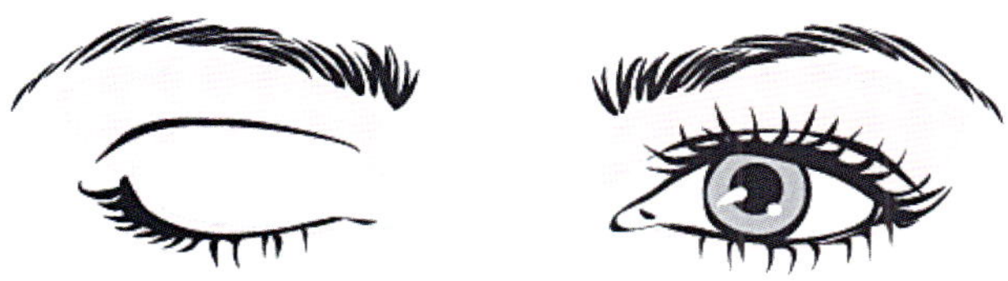

3. 컨투어 컬러: 눈과 뼈가 맞닿는 부위(아이 홀)의 바깥쪽 부분에 표현한다. 아래 속눈썹 라인 부분에도 연결하고 꼬리쪽 부분에 한 번 더 표현한다.

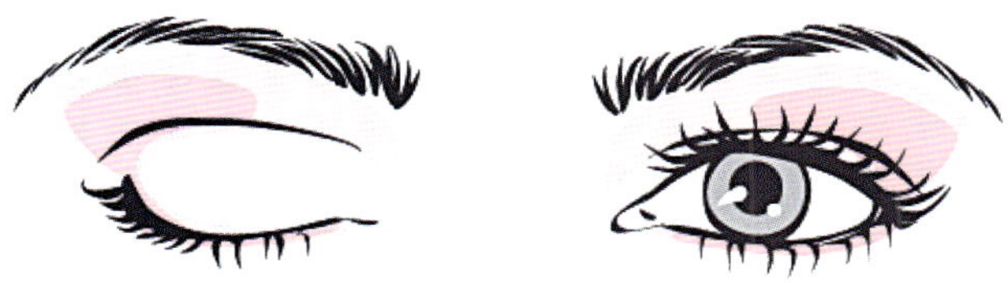

Tip

처진 속눈썹 라인 쪽에 아이섀도를 바르고 싶다면 밖으로 1/8인치(약 3mm) 떨어진 지점에 표현하도록 한다.

10

basicapplication

피부 표현

여성들이 화장을 할 때 다양한 컬러들을 마음껏 표현하며 즐거워하기 바란다. 이 장에서는 눈에 환상적인 컬러를 표현하고, 블러셔와 태닝한 듯 한 건강한 혈색을 주며, 감미로운 컬러로 속삭이는 입술을 표현하고, 인조 속눈썹까지도 자유자재로 연출할 수 있는 테크닉을 배울 것이다. 자신만의 진정한 아름다움을 표현해 보자!

sunni smyt

Brows 눈썹

눈썹을 표현할 색상은 본래 눈썹의 색상과 동일하거나 한 단계 밝은 컬러를 선택한다. 눈썹을 그리는 데 필요한 눈썹용 펜슬과 파우더 그리고 아이 펜슬과 아이섀도는 서로 그 성질이 다르므로 각각의 용도에 맞게 사용해야 한다. 눈썹용 펜슬은 색상이 흐리고 광택이 없으며, 아이라인 펜슬보다 끈적임이 없다. 눈썹용 파우더는 색상이 더 흐리고 아이섀도보다 더 매트한 질감을 가지고 있다.
눈썹용 펜슬을 사용할 때는 한올 한올 깃털이 스치듯 털이 자라는 같은 방향으로 세심하게 그려준다. 절대로 한 번에 쭉 이어서 그리면 안 된다. 짧은 털이 나 있는 것처럼 짧게 터치하듯이 그리는 것이 자연스럽다. 각이 있는 브러시를 이용해 다시 한 번 그 위를 터치해 주면 펜슬로 그린 부분이 자연스럽게 펴지면서 훨씬 자연스러운 눈썹을 연출할 수 있다. 눈썹용 파우더를 사용해도 자연스러운 눈썹을 연출할 수 있는데 작고 모가 빳빳한 각이 있는 브러시에 묻혀 눈썹이 나 있는 같은 방향으로 가볍게 터치하듯이 표현한다. 눈썹에 흉터가 있고 부분 비어 있는 눈썹은 크림 타입의 눈썹 컬러를 빳빳한 각이 있는 브러시에 묻혀 빈 곳에 가볍게 터치해 주고 그 위에 파우더를 하여 교착력과 지속력을 높여준다. 어떤 타입의 눈썹용 제품을 사용하든지 반드시 눈썹용 브러시로 마무리하고 필요하다면 눈썹용 젤을 사용해도 좋은데, 이것은 헤어 스프레이처럼 눈썹을 고정시키는 역할을 한다. 자신에게 어울리는 눈썹 형태를 알려면 68페이지를 참고한다.

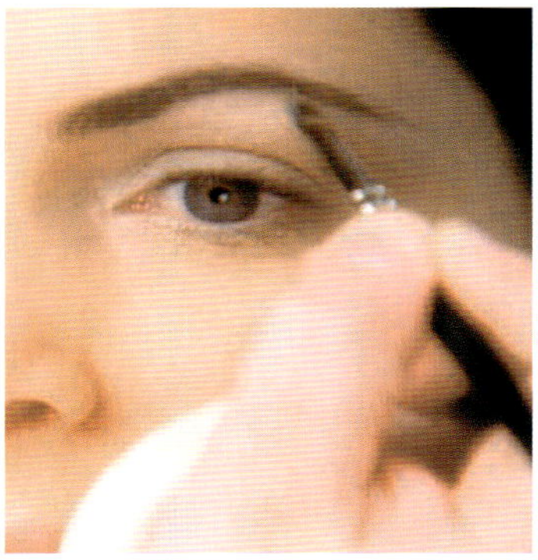
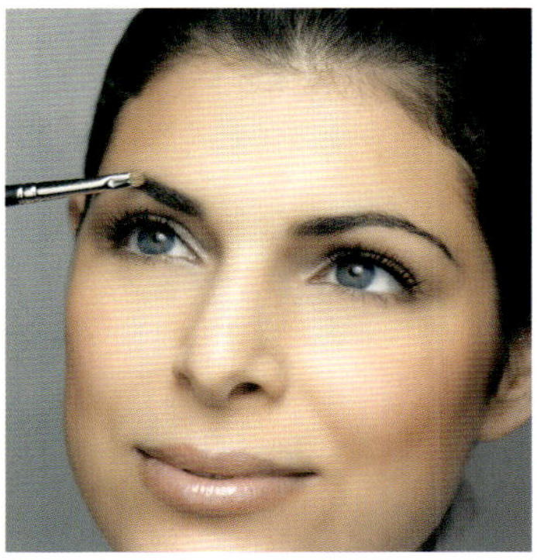

Tip

눈썹용 펜슬은 사용할 때마다 동그랗게 잘 깎아서 사용해야 그리기 쉽다. 눈썹용 펜슬과 파우더는 따로 사용해도 좋고 두 가지를 같이 사용해도 좋은데 함께 사용하면 고착력이 한층 높아진다.

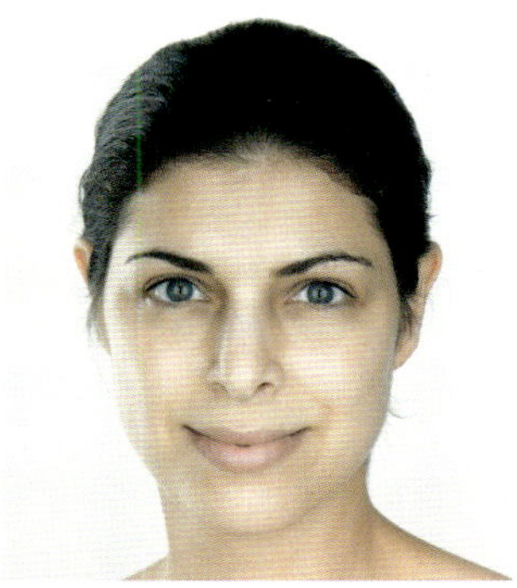

Eyes 눈

아이섀도를 통해 더욱 매력적인 메이크업을 완성할 수 있다. 아이섀도를 표현하는 데는 하이라이트, 중간톤, 컨투어 컬러를 적절히 이용해야 한다. 하이라이트는 확장시키거나 돌출이 필요한 부위에 표현하고, 컨투어 컬러는 축소시키거나 움푹 들어가 보이고 싶은 부위에 표현하면 된다. 이 세 가지 톤의 미묘한 차이를 잘 표현하면 이로 인해 눈매가 더욱 아름다워 보이는 효과를 줄 수 있다. 수천가지의 아이섀도 패턴이 있지만 공통적으로 이 세 가지 톤을 활용하여 만든 것이다. 눈의 형태에 따른 세 가지 톤의 활용 위치는 페이지 97~109를 참고한다.

하이라이트 Highlight

하이라이트는 아이섀도에 표현하는 세 가지 톤 중 가장 밝은 컬러이다. 어떤 색조를 선택하느냐에 따라 눈매를 드라마틱하게도 또는 자연스럽게도 연출할 수 있다. 광택이 있는 색조보다 매트한 질감의 하이라이트를 사용하면 자연스러운 느낌을 준다. 광택이 있는 색조는 다채로운 느낌과 하이라이트를 더욱 극대화 할 수 있다. 예를 들어 움푹 들어간 눈에 광택있는 하이라이트를 사용하면 눈이 돌출되어 보이도록 하는 수정 효과가 더욱 크다. 은은한 색조의 하이라이트를 표현하면 다채로운 느낌은 덜 하지만 부드러운 눈매를 표현할 수 있다. 또한 하이라이트는 눈썹 뼈와 눈꺼풀에 필요에 따라 표현한다.

중간 톤 Midtone

중간 톤은 아이섀도에 있어 가장 중요한 요소이며 색을 표현하는 첫 번째 단계이다. 피부색과 마찬가지로 은은한 색으로 표현한다. 하이라이트나 컨투어 컬러로 사용하는 색은 다채롭지만 중간 톤에 사용할 수 있는 색은 그다지 많지 않다. 이때 광택이 없는 색을 사용하라고 하지만 반드시 그런 것은 아니고 단지 광택 없는 매트한 색조가 자연스러운 느낌을 연출하는데 적절하기 때문이다. 눈에 표현할 때는 눈 꼬리 쪽에서 시작하여 눈 앞머리 방향으로 교차하듯이 펴주어 눈 앞쪽으로 갈수록 색이 단계적으로 은은해지도록 한다. 눈의 형태에 따라 눈앞머리의 아이섀도를 생략할 수 도 있다. 97~109 페이지에 자세히 소개하였다. 눈과 눈뼈가 맞닿는 곳(아이 홀)에 더욱 깊이감을 주고 싶다면 그 위에 한 번 더 색을 칠해주고 이 때 하이라이트와 만나는 곳에 경계선이 생기지 않도록 잘 펴주어야 한다.

빠른 시간에 아이섀도를 표현하고 싶다면 눈꺼풀에 중간톤의 색상 하나만 펴 주면 자연스러운 눈매 연출이 가능하다. 이렇게 하면 아이컬러가 돋보이면서 눈꺼풀의 윤곽을 자연스럽게 표현할 수 있다.

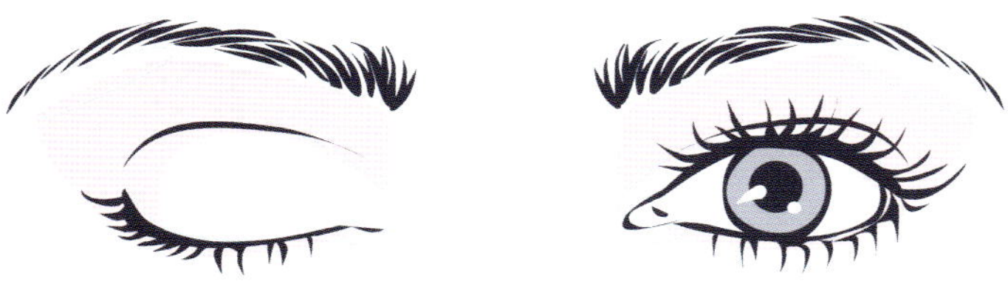

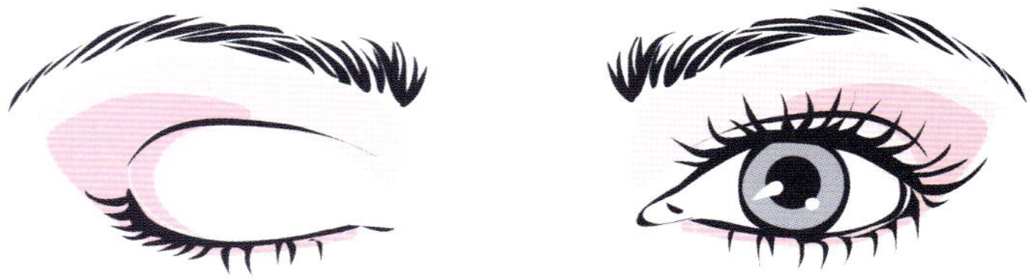

컨투어 Conture

컨투어 컬러는 가장 어두운 색조이다. 그것이 광택이 있던 검은색이 될 정도로 진하든 관계없이 세 가지 톤 중에 가장 어두운 색조면 어떤 컬러를 사용해도 무방하다. 그러므로 컨투어 컬러는 마음껏 표현하고 싶은 분위기에 따라 눈매에 시선을 집중시킬 수 있는 다양한 컬러를 선택할 수 있다.

브러시를 이용하여 위 속눈썹 라인의 꼬리 쪽에서 시작하여 눈 앞쪽으로 표현하며 아이 홀 쪽을 향하여 위로 펴주고 다시 아래로 펴준다. 컨투어 컬러는 중간톤과 조화를 이루며

자신이 원하는 눈매를 완성해 준다. 아래 속눈썹 라인에도 컨투어 컬러를 표현하여 눈매를 더욱 또렷하게 만들고 아이라인 펜슬과 자연스러운 조화를 이루도록 한다.

더욱 다채로운 눈매 연출을 원한다면 여러 가지의 색을 농도에 변화를 주어 표현할 수 있다. 처음부터 진하게 시작하지 말고 조금씩 조금씩 더해 가도록한다. 그렇지 않으면 잘못되었을 때 지우기 어렵다. 보통 '스모키'라 불리는 아이섀도 패턴을 표현할 때 속눈썹 라인에서 시작하여 위쪽을 향하여 펴주면서 눈꺼풀 전체에 표현하는데, 스모키 연출이 잘 되려면 조금씩 조금씩 색을 더하며 펴주어야지 그렇지 않으면 너무 진하고 강해 보인다.

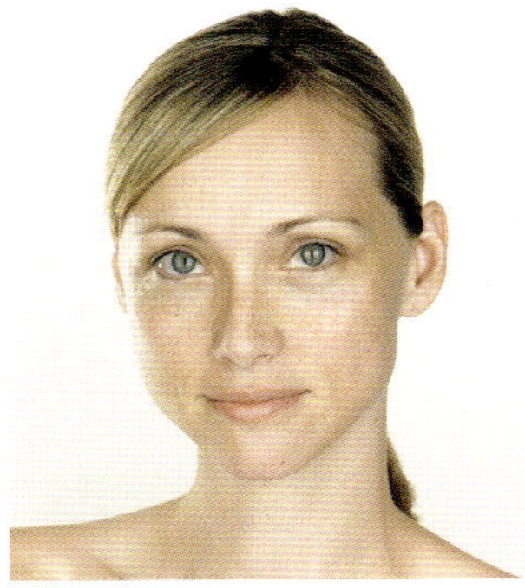

amy williams

아이라이너 Eyeliner

펜슬, 리퀴드, 케이크, 크림, 파우더 타입의 아이라인 제품들을 이용해 눈매를 선명하고 또렷하게 만들 수 있다. 개인적 취향에 따라 선택하면 된다.

펜슬 pencil 펜슬 아이라이너에 들어있는 실리콘 성분은 컬러가 부드럽게 발리고 매끄럽게 펴지는 데 도움을 준다. 하지만 실리콘이 너무 많이 들어 있는 것은 오히려 눈 밑으로 번져 얼룩지게 만든다.

펜슬 타입의 아이라이너를 사용할 때는 눈 꼬리 쪽에서 시작하여 조금 조금씩 심듯이 그려 눈 앞머리 방향으로 연결시키고 작은 브러시를 이용하여 가볍게 펴낸다. 같은 색상의 파우더 타입의 섀도를 그 위에 펴주어 자연스러운 느낌이 들도록 해준다. 이렇게 하면 펜슬의 선적인 느낌을 부드럽게 펴주고 번짐을 방지할 수 있다. 또한 펜슬로 잘못 표현된 부분을 수정해 줄 수도 있다.

아래 속눈썹 라인 쪽에도 펜슬로 표현하면 저녁 시간에 더욱 깊이감 있는 눈매를 만들어 줄 수 있는데, 위쪽 속눈썹 라인을 따라 연결시킨 뒤 눈 꼬리 쪽으로 점진적으로 농담을 조절하여 펴준다. 아래 속눈썹 라인에 표현할 때는 꼬리 쪽을 진하게 표현하고 눈 앞머리 쪽으로 갈수록 점점 농도가 연해지고 두께도 얇게 펴 준다. 눈 앞머리까지 똑같은 두께로 펴 주면 눈이 더 답답하고 작아 보일 수 있다. 일반적으로 낮 시간 동안의 눈 화장을 할 때는 눈 밑에 펜슬대신 아이섀도로 가볍게 연결하여 자연스러운 이미지를 연출해준다. 만약 낮 시간 동안에도 펜슬로 표현하기 원한다면 그 위에 반드시 파우더를 얹어 펜슬의 색이 엷어지도록 하는 것이 좋다.

눈 모양에 따라 속눈썹 라인과 눈동자의 경계가 명확한 사람들이 있는데 이 부분에 펜슬이나 어두운 섀도를 이용하여 음영을 줄 수 있다. 미세한 브러시를 이용하여 검은색 아이섀도를 눈꺼풀을 들어 올려 속눈썹 라인 안쪽에 조심스럽게 펴 주면 외관상 선적인 느낌이 전혀 들지 않으면서 눈매를 또렷하고 쌍꺼풀이 짙어 보이게 할 수 있다.

Tip

브러시에 섀도를 묻혀 가장 먼저 닿는 곳이 가장 진하며 바로 이 부분이 포인트가 된다. 잘 펴주는 테크닉은 아이섀도를 표현하는데 있어 아주 중요한데 이를 위해 질이 좋은 브러시를 사용하는 것이 좋다. 섀도를 표현하기 전에 눈꺼풀에 컨실러와 파우더를 꼭 해야 한다. 그래야 색이 잘 펴지고 오래 지속될 수 있다. 펜슬은 잘 깎아 사용해야 그리기 용이하다.

액상 **liquid** 가는 브러시가 내장되어 있는 리퀴드(액상)타입의 아이라이너는 지속력이 높고, 더 선명하고 깊이감 있는 눈매를 연출할 수 있다. 하지만 아래 속눈썹 라인에까지 사용하면 부자연스럽고 너무 강한 인상을 줌으로 주의하도록 한다.
액상 타입의 아이라이너를 사용할 때는 위 속눈썹 라인의 눈 앞쪽에서 시작하여 눈 꼬리 쪽을 향해 한 번에 차내듯이 쭉 그린다. 눈 앞쪽은 얇고 꼬리 쪽으로 갈수록 점점 두꺼워지게 그려야 한다. 액상 타입은 펜슬 타입보다 그리기 어려우나 몇 번 연습을 하면 쉽게 그릴 수 있다.

크림 **cream** 크림 타입의 아이라이너는 젖은 브러시를 이용해 액상 타입과 동일한 방법으로 표현한다.

케이크 **cake** 케이크 타입은 파우더를 압축해 놓은 형태이다. 젖은 브러시를 이용해 액상 타입과 동일한 방법으로 표현하고 취향에 따라 그 위에 액상 라이너를 다시 한 번 덧발라도 좋다.

파우더 **powder** 파우더 타입의 아이라이너를 사용하거나 아이섀도를 라이너처럼 사용할 수 있는데 가장 자연스럽고 표현하기에 쉽다.
마른 브러시를 사용해도 좋고, 선명한 느낌을 주려면 젖은 브러시를 이용한다. 마른 브러시를 이용할 때는 속눈썹 라인의 꼬리 쪽에서 시작하여 눈 앞머리 쪽으로 연결하고, 젖은 브러시를 이용할 때는 액상 타입과 동일한 방법으로 표현한다. 이렇게 사용하면 액상 타입과 동일한 효과를 표현하면서도 그리기에 훨씬 수월하다.

jennifer stephens

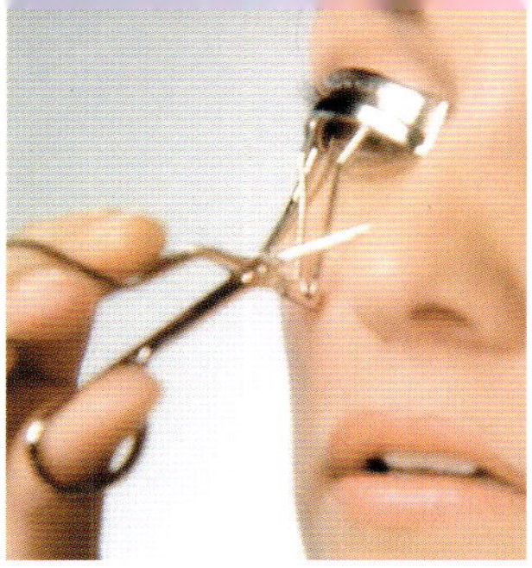
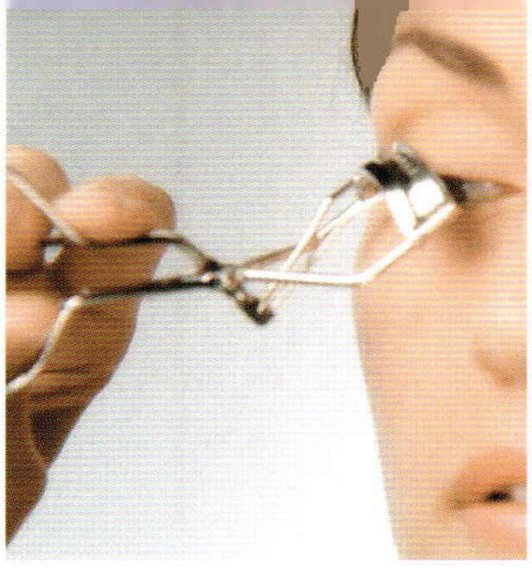

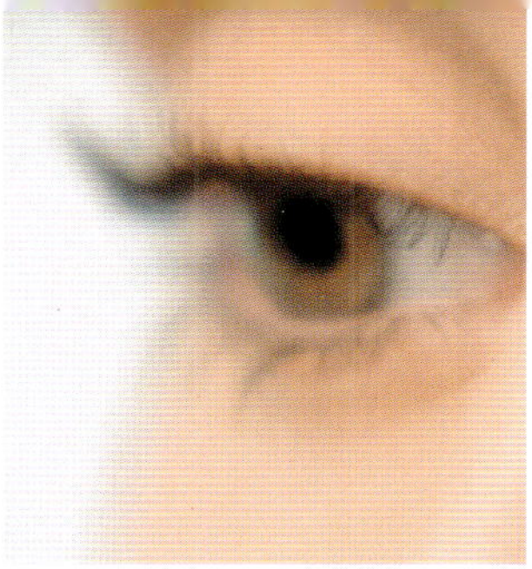

Long lashes 긴 속눈썹

속눈썹에 컬링(말아 올림)을 하면 눈이 더 커 보이고 훨씬 젊어 보이므로 반드시 하는 것이 좋다. 그러나 많은 여성들이 이 단계를 생략하는 경우가 많은데 이는 잘못된 것이다. 속눈썹에 컬링을 한다면 절대로 나이 들어 보이지 않는다. 그러나 속눈썹을 말아 올리는데 필요한 아이래쉬 컬러를 일 년 이상 사용해 본 사람이라면 본래의 눈썹이 뽑히거나 들쑥날쑥하게 자라 있을 것이다.

아이래쉬 컬러를 올바르게 사용하는 방법은 먼저 속눈썹이 난 자리에 대고 각도를 들지 말고 눈에 최대한 붙여 여러 번 눌러 준다. 그리고 눈을 감지 말고 뜬 상태로 속눈썹의 끝 부분까지 차례차례 나누어 여러 번 눌러 준다. 이렇게 하면 컬이 훨씬 잘 생기고 오랫동안 유지된다.

올바른 마스카라 사용법을 통해 속눈썹을 더 길고 풍성하게 만들 수 있다. 마스카라에는 속눈썹에 밀착력을 높이는 미립자가 들어 있어 원하는 만큼 속눈썹에 볼륨을 줄 수 있다.

풍성한 속눈썹 연출: 속눈썹의 뿌리 쪽에서부터 마스카라를 수평으로 놓고 좌우로 왔다 갔다 하며 속눈썹의 끝 부분까지 칠해 준다. 이렇게 하면 마스카라의 미립자가 속눈썹의 사이사이에 많이 묻어 풍성한 속눈썹을 만들어 준다.

긴 속눈썹 연출: 마스카라를 수직으로 놓고 속눈썹의 뿌리 쪽에서부터 끝 쪽을 향해 한 올 한 올 칠해 준다. 마스카라의 미립자가 속눈썹의 끝 부분에 많이 묻어 긴 속눈썹을 만들어 준다.

원하는 효과에 따라 정확한 방법을 사용한다. 속눈썹을 풍성하게 만들고 싶다면 풍성하게 만드는 방법을, 길어 보이고 싶다면 길게 만드는 방법을 사용하면 된다. 마스카라에 대한 여러 가지 방법들은 32 페이지를 참고 한다.

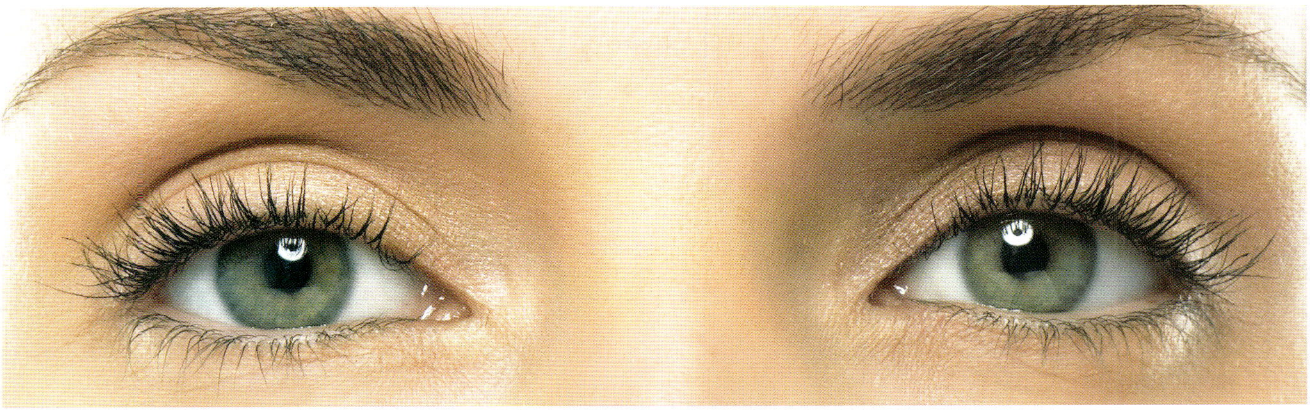

before

after

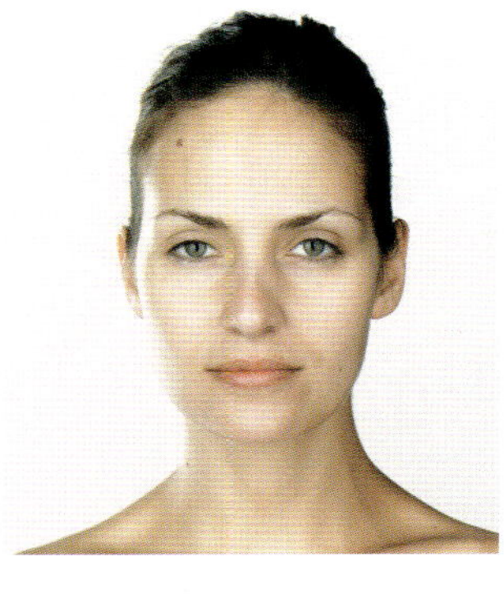

False eyelashes
인조 속눈썹

눈매에 더욱 신비함을 연출하고 싶다면 인조 속눈썹을 활용한다. 인조 속눈썹에는 한 가닥씩 떨어져 있는 것(스트립 타입), 몇 가닥이 뭉쳐 있는 것(플레어 타입), 속눈썹 모양이 하나로 붙어 있는 것(스트랜드 타입)이 있다. 전혀 붙이지 않은 것 같은 눈속임을 하고 싶다면 표시가 나지 않는 스트립 타입을 붙인다. 스트립 타입을 붙이기 전에 펜슬 타입의 아이라이너로 아이라인을 그리면 정확히 어느 부분에 붙여야 하는지 알기 쉬우며 본래의 눈썹과 인조 속눈썹끼리 차이가 나지 않게 해준다. 속눈썹이 난 자리에 최대한 가까이 붙여주면 훨씬 더 자연스럽다. 그 위에 액상 라이너를 다시 발라 부친 자리가 표시나지 않도록 한다.
플레어 타입은 스트립 타입보다 더 자연스럽지만 스트랜드 타입을 더 추천한다. 일반적으로 광고 등에서 많이 쓰이는데 본래의 속눈썹 위에 바로 붙여 풍성하고 긴 속눈썹을 연출해 줄 수 있다.

Tip

위 속눈썹에는 검은색 마스카라를 아래 속눈썹에는 갈색 마스카라를 칠해 주면 눈 밑이 훨씬 자연스러워 보인다. 속눈썹의 가장 안쪽과 가장 바깥쪽에도 마스카라를 빠짐없이 해야 한다.
마스카라용 브러시 모양은 숱이 많은 것보다 두 세 가닥 드문드문 나 있는 것이 바르기에 더 유용하다.

Cheek chic 블러셔 연출

블러셔와 브론즈(피부를 태우는 것처럼 보이게 하는 것)는 얼굴에 자연스러운 혈색과 생기를 준다. 컬러감이 있는 블러셔를 하기 전에 브론즈를 표현하면 피부가 더욱 매력적으로 보이고 훨씬 젊어 보인다.
블러셔와 브론즈의 정확한 사용법을 익히기 전에 블러셔를 표현하는 위치에 대한 잘못된 속설들을 바로 잡고자 한다.

Step 1 : 블러셔는 코 옆쪽에 손가락을 세워 두 개 넓이만큼 앞 쪽에 표현하면 안 된다. 이것은 각 개인의 손가락의 넓이에 따라 다르며, 얼굴형에 따라 코 쪽으로 가까이에 표현할 수 있다.

Step 2 : 블러셔는 코끝보다 아래쪽으로 처지게 표현하면 안 된다. 이것은 코의 길이에 따라 다르며 만약 코가 짧고 코끝이 약간 들린 경우라면 광대뼈 전체에 표현해 코끝보다 약간 처지게 블러셔 해야 한다.

Step 3 : 얼굴의 윤곽선을 또렷하게 하기 위해 볼 중앙에 역삼각형 모양으로 블러셔를 표현한다. 윤곽선을 잡는 것은 파운데이션의 하이라이트, 컨투어 컬러를 이용하여 표현하는 것이지 블러셔가 그러한 기능을 하는 것은 아니다. 블러셔는 얼굴에 혈색을 주고 젊어 보이는 기능을 하는 것이다.

Step 4 : 나이가 든 여성은 블러셔를 젊은 사람들보다 위쪽에 표현하면 젊어 보인다. 나이가 들어감에 따라 피부가 탄력을 잃어 처지는 것이지 광대뼈의 위치는 변하지 않는다. 그러므로 블러셔는 항상 정확히 광대뼈가 위치한 자리에 표현해야 한다.

광대뼈의 위치를 정확히 알려면 다음과 같이 해 본다.

1. 미소를 짓는다.
2. 볼록하게 올라오는 부위가 보인다. 그곳에서 가장 높은 위치에 집게 손가락을 올려놓는다. 그 다음 엄지손가락을 머리카락과 맞닿아 있는 귀의 가장 높은 지점에 올려놓은 다음 엄지손가락을 집게손가락이 있는 쪽으로 옮기며 눌러 보면 느껴지는 뼈가 있을 것이다. 이것이 광대뼈의 위치이다. 바로 이 부위에 블러셔를 표현한다.

Tip

블러셔용 브러시와 브론즈용 브러시는 따로 분리하여 사용한다.
같은 브러시를 사용하면 서로의 색이 섞여 지저분하게 표현된다.

브론즈 Bronzer

브론즈는 자외선으로 인한 피부 손상 없이 햇볕에 그을린 듯 한 건강함을 표현할 수 있다.

얼굴에 건강함과 얼굴의 윤곽선을 또렷하게 보이기 위해 파우더 타입이나 크림 타입의 브론즈를 소량 사용하여 광대뼈 위와 얼굴의 윤곽선을 따라 가볍게 펴준다. 또한 코 옆선과 턱 끝에도 표현하면 이목구비를 더욱 또렷하게 만들 수 있다. 윤곽수정에 대한 더욱 자세한 정보는 77페이지를 참고한다.

브론즈를 표현할 때는 항상 얼굴의 외곽선에서 시작하여 중앙 쪽을 향하여 펴 주며 블러셔는 반대로 볼 중앙에서 시작해 외곽선 쪽으로 펴 준다. 크림 타입의 브론즈는 점을 찍듯 얹어 주고 펴주면 되는데 이 때 관자놀이 쪽으로도 연결해 준다. 그 위에 브론즈 파우더를 관자놀이 주변과, 만일 눈동자 색이 그린이나 블루인 사람은 눈꺼풀위에도 표현해주면 세련된 눈매를 만들어 줄 수 있다.

브론즈 파우더나 크림이 피부에 너무 진하다면 콤팩트 파우더를 대신 사용해도 좋다. 콤팩트 파우더는 색이 연하고 잘 펴지므로, 피부 톤이 밝은 사람은 약간 어두운 색의 콤팩트로 표현하면 브론즈한 것과 같은 효과를 줄 수 있다.

블러셔 Blush

일반적으로 블러셔를 표현하는데 있어 잘못하고 있는 세 가지 실수를 알아본다.

1. 가을이나 겨울철에 추위로 인해 혈색이 부족하다고 블러셔를 지나치게 표현하는 것.
2. 지나치게 붉은 기가 많은 컬러를 선택하는 것. 블러셔를 표현하는 가장 좋은 색상은 자신의 피부 톤과 조화를 이루면서 마치 자연스럽게 혈색이 배어 나와 활력 있는 인상을 줄 수 있는 컬러를 선택하는 것이 좋다.
3. 너무 강한 느낌을 줄까봐 지나치게 농도가 옅은 블러셔를 하는 것. 이렇게 하면 색이 금방 날아가 몇 시간 후면 느낌이 하나도 나지 않는다.

메이크업할 아이섀도와 립스틱 컬러를 고려하여 블러셔의 농도를 결정하는데, 립스틱 색이 진하다면 블러셔는 농도가 옅은 것으로 립스틱에 색감이 별로 없다면 블러셔는 진한 색을 선택한다.
파우더 타입의 블러셔는 표현하기 쉬운데 올바른 사용법은 다음과 같다.

1. 블러셔는 먼저 귀와 맞닿은 얼굴의 외곽에서 시작하여 광대뼈의 가장 높은 부위를 향해 펴주고 다시 외곽 쪽으로 펴 준다. 그리고 다시 얼굴 중앙 쪽을 향하여 펴 주고 다시 외곽을 향해 펴 주는 동작을 반복한다. 이렇게 하면 블러셔가 너무 진하게 표현되는 것을 방지할 수 있고 얼굴의 정확한 부위에 표현 할 수 있다.
2. 더욱 자연스러운 블러셔 표현을 원한다면 먼저, 광대뼈에 브론즈를 표현한 다음 밝은 색 블러셔 컬러를 눈과 연결되어 있는 광대뼈의 시작 부분에 펴 주고 다시 광대뼈 전체에 블러셔 컬러를 더해 준다. 이렇게 하면 자연스럽고 더욱 매력적인 블러셔를 표현할 수 있다.

너무 어둡거나 밝은 색의 블러셔는 지나치게 강하고 부자연스러워 보인다.
크림 타입이나 리퀴드 타입의 블러셔는 스펀지나 손가락을 이용해 파운데이션을 표현한 다음 파우더하기 전에 발라야 잘 펴진다. 만약 파운데이션을 생략하고 바로 피부 위에 블러셔를 표현하고 싶다면 파우더 타입보다는 수분 함량이 많은 크림이나 리퀴드 타입을 사용하는 것이 피부와 더 자연스러운 조화를 준다. 사용법은 먼저 광대뼈의 가장 돌출 된 부위에 점을 찍듯이 얹고 귀 쪽을 향하여 펴준다.
어떤 타입의 블러셔를 사용하든 반드시 표현한 피부의 질감과 동일한 것을 선택한다. 즉 크림 타입의 촉촉한 질감의 피부를 표현하였다면 크림 타입의 블러셔를, 파우더 처리한 매트한 질감이라면 파우더 타입을 사용하는 것이 좋다.
블러셔의 지속력을 높여 주는 방법은:

1. 파운데이션을 표현한 다음 크림 타입의 블러셔를 바른다.
2. 파우더로 눌러준다.
3. 그 위에 다시 파우더 타입의 블러셔를 펴 준다.

이렇게 하면 블러셔의 지속력을 높여 하루 종일 색상을 그대로 유지할 수 있다.

Tip

블러셔의 색상이 너무 진하다면 가루 타입의 파우더를 그 위에 살짝 얹어 준다.
블러셔는 얼굴 전체의 윤곽선을 따라 표현하면 안 된다.

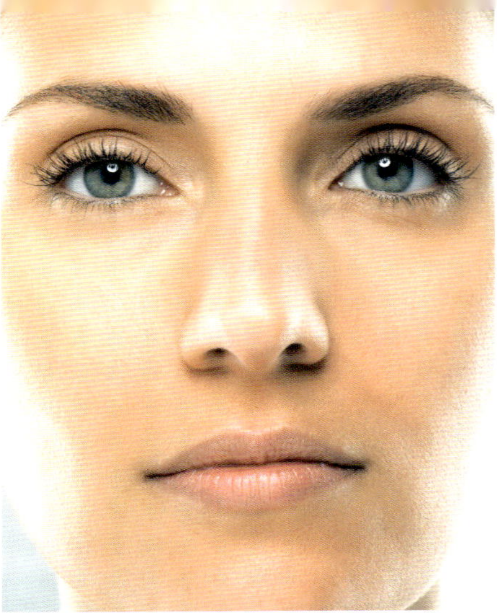

1

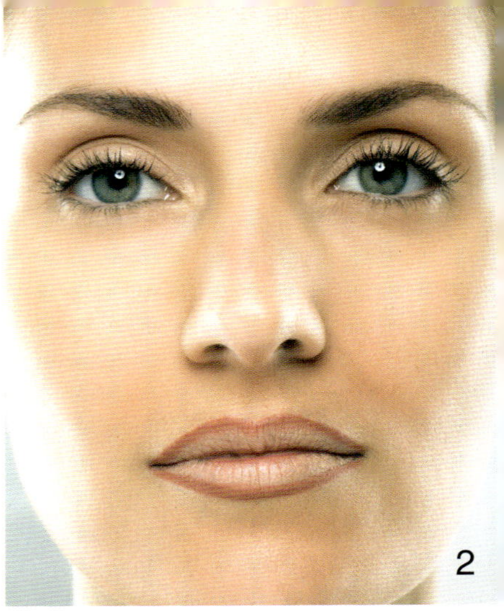

2

Lips 입술 표현

매력적인 입술을 가꾸려면 일주일에 한번은 각질을 제거해주는 것이 좋다. 먼저 립 밤을 바르면 자극 없이 각질을 제거할 수 있다. 또한 립 밤이나 모이스처 제품을 먼저 바르고 립 라이너나 립스틱을 바르면 매끄럽고 부드럽게 펴진다.

립 펜슬은 시간이 흐르면서 립스틱이 라인 밖으로 퍼지고 입 주변이 지저분해지는 것을 막아준다. 립 펜슬로 입술의 윤곽을 그린 후에는 반드시 입술 안쪽으로 펴 주고 라인과 같이 조화를 이루도록 립스틱을 발라야지 윤곽선만 두드러지게 표현해서는 안 된다. 이때 브러시를 이용하면 라인을 펴고 립스틱을 바르는데 용이하다.

립스틱은 립 라인을 포함한 입술 전체에 발라야 한다. 대부분의 여성들은 립스틱을 립 라인 안쪽에만 바르는데 이렇게 하면 립스틱 컬러와 라인이 조화를 이루지 못해 라인만 두드러져 자연스럽지 못하다. 그러므로 반드시 립 라인을 그린 곳까지 립스틱을 다 발라 주어야 한다.

기초 Basic

어떤 여성들은 립 라이너를 그리지 않는데 립 라인을 꼭 그려야하는 이유는 다음과 같다.

1. 립 라이너는 입술의 윤곽선을 잡아주고 균형이 맞지 않는 형태를 수정해 준다.
2. 립 라이너는 시간이 지남에 따라 립스틱이 번지는 것을 막아준다.
3. 립 라이너를 그리고 입술 안쪽까지 펴 준 다음 립스틱을 바르면 색상의 지속력을 높여준다.

바르는 법:

립 라인을 그릴 때는 먼저 윗입술 중앙의 V존을 잡아준 뒤 입꼬리 쪽에서 조금씩 조금씩 V존을 향하여 맞닿을 때까지 그려준다.

아랫 입술은 입술 라인 중앙 부분에 위치를 정해 놓고 입 꼬리 쪽에서 같은 방법으로 중앙을 향하여 맞닿을 때까지 그려준다.

이제 립스틱을 바른다. 브러시를 이용하거나 손가락 또는 원통형의 용기에 담아 있는 립스틱을 바로 발라줄 수 있지만 브러시를 사용하는 것이 립스틱을 꼼꼼하게 바르고 색상을 오래 유지시켜 줄 수 있다. 진한색의 립스틱일 경우 원통형 립스틱은 그냥 발라 주어도 좋으나 입 꼬리 같은 미세한 부분까지 꼼꼼하게 바르기는 어렵다.

작은 입술 Small lips

볼륨이 없고 작은 입술을 크고 도톰한 입술로 수정하는 방법은 두 가지가 있다. 첫 번째 방법은:

1. 먼저, 파운데이션이나 컨실러를 이용하여 본래의 입술 윤곽선을 완전히 가려준다.
2. 자연스러운 톤의 립 펜슬을 이용하여 본래의 입술 보다 위아래를 약간만(1~2mm)크게 그려준다. 너무 욕심을 내어 크게 그리면 오히려 부자연스럽고 역효과가 나므로 주의한다.
3. 입술 중앙을 제외한 나머지 부분까지 펜슬로 채워준다.

4. 비어둔 입술의 위아래 중앙 부분에 밝은 색 컨실러를 가볍게 발라 펴 준 뒤 립스틱을 바르면 이 부분이 밝아지면서 입술이 도톰해 보인다.
5. 마지막으로 연한색의 립글로스를 입술 중앙에서 시작해 입술 전체에 채워주면 입술에 볼륨이 생기면서 더욱 도톰하고 매력적인 입술을 표현할 수 있다.

두 번째 방법으로는 밝은 색과 어두운 색의 두 가지 립스틱 컬러를 이용하는 것이다. 먼저 자연스러운 컬러의 립 라이너를 이용하여 윤곽선을 그려준다. 그 다음 어두운 색상의 립스틱을 입술의 바깥쪽과 윤곽선 쪽에 모두 채워주고 입술 중앙에 밝은 색을 바른 뒤 어두운 색을 바른 부분과 경계선이 생기지 않도록 잘 펴 준다. 마지막으로 연한색의 립글로스를 입술 중앙에 덧발라 입술을 광택 있고 볼륨감 있게 표현한다.

어떤 형태의 입술을 원하느냐에 따라 립스틱의 타입을 결정한다. 글로시하고 광택 있는 립스틱은 볼륨 있고 젊어 보인다. 만약 입술이 건조하다면 매트한 질감의 립스틱은 사용하지 않는 것이 좋다. 이러한 립스틱은 입술을 더욱 건조하게 만든다. 크림 타입의 립스틱은 가장 일반적이며 어떠한 입술 연출에도 무난하게 사용할 수 있다.

립스틱 색상을 선택하는데 두려워해서는 안 된다. 색상이 이상하면 얼마든지 지워낼 수 있다. 단, 자신의 입술 크기를 고려하여 색상을 선택하면 된다. 입술이 크다면 어두운 색의 립스틱을, 입술이 작다면 밝은 색의 립스틱을 선택하면 얼마든지 입술의 형태를 보완할 수 있다. 립스틱 색상의 선택은 63 페이지를 참고한다.

끝으로 기억해야할 중요한 것은 립스틱을 한 번 바르고 하루 종일 유지할 수 있다고 생각하면 안 된다. 지속력이 강한 립스틱은 그 성분이 굉장히 건조하다. 또한 그 안에 포함된 색소는 입술의 건조한 부분에 착색되면서 립스틱이 얼룩져 보이고 입술을 더욱 건조하게 만드는 원인이 된다.

Tip

따뜻하고 밝은 색감의 립스틱을 바르면 젊어 보인다. 나이가 있는 여성은 절대 진한 색의 립스틱은 바르지 않는 것이 좋다. 밝은 색의 립스틱은 입술을 크고 볼륨감 있게 보이게 하며 젊어 보이게 한다. 반대로 어두운 색은 입술을 작고 얇아 보이게 한다. 립스틱을 바르기 전에 항상 입술에 모이스처 제품을 발라 수분을 공급해 준다. 립 라이너를 입술 전체에 채워준 뒤 그 위에 립스틱을 바르면 색상을 오랫동안 유지 시킬 수 있다.

11

totaltransformations

변 신

이 세상의 모든 여성들은 아름답다.

그동안 나는 인종, 나이를 불문하고 모든 분야의 여성들을 만나보았고 그들이 사실 얼마나 아름다운지를 보아 왔다. 이들의 변신과 각 외모에 대해 내가 알아낸 비결들을 살펴보도록 하자. 이런 다양한 여성들의 모습을 보고, 당신도 비슷한 외모를 가진 누군가를 찾아서 응용 비결을 알아내고 당신의 모습을 더 아름답게 하는데 사용할 수 있다고 확신한다. 단, 기억할 것은, 메이크업은 영원하지 못하기 때문에, 새로운 것을 시도하는 것에 대해 두려워할 필요가 없다는 것이다. 만약 당신이 결과가 마음에 들지 않는다면, 바로 씻어버릴 수 있다. 두려워하지 말고 더 아름다운 당신이 되기를 바란다.

kerrie bodrato

얼굴형 : 달걀형

눈 모양 : 기본형

섀　도 : 하이라이트 – 반짝이는 살색
중간톤 – 무광택 회색
컨투어 – 반짝이는 금빛 갈색

목　표 : 얼굴에 명암과 색을 더한다.
눈을 크게 하고 쌍꺼풀을 더 명확히 한다.

화장법 : 얼굴에 색을 더하기 위해 피부와 색조 대비가 큰 색을 입술과 블러셔로 정한다. 속눈썹 라인 부분에 깊이감을 주어 눈을 선명하게 살려준다. 쌍꺼풀 쪽에 중간톤의 색상을 이용하여 선명하고 더 깊이 있게 해주고 눈과 눈꺼풀의 형태를 확실하게 표현한다.

lana andrews

얼굴형 : 사각형

눈 모양 : 움푹 들어간 형

섀　도 : 하이라이트 – 반짝이는 살색
중간톤 – 무광택 회갈색
컨투어 – 반짝이는 금빛 갈색

목　표 : 얼굴이 좀 더 갸름하게 보이도록 한다. 눈을 돌출돼 보이게 하고 눈썹 뼈는 들어가게 한다.

화장법 : 헤어라인 부분과 턱 선에 컨투어 컬러를 표현해 얼굴의 "네 모서리"를 부드럽게 한다. 이마, 코, 턱 끝에 하이라이트를 표현한다. 눈꺼풀만 밝게 하여 눈을 밖으로 튀어 나오게 한다. 눈썹 뼈에 중간톤을 사용하여 들어가 보이게 한다.

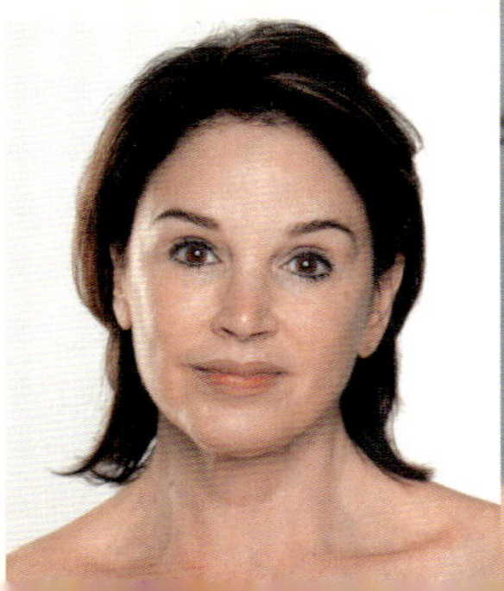

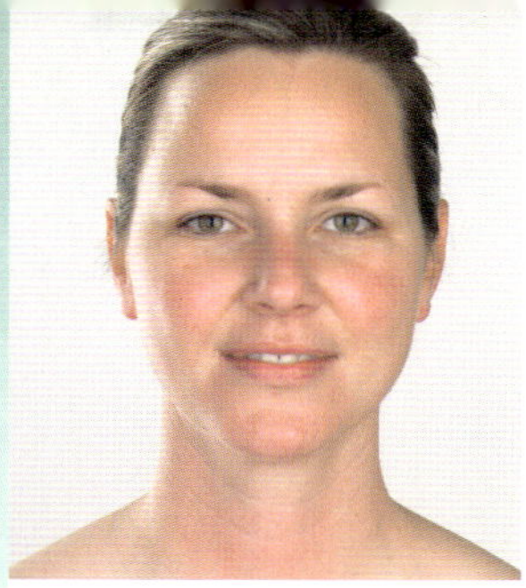

gayle kolsrud

얼굴형: 사각형
눈 모양: 움푹 들어간 형
섀　도: 하이라이트 – 반짝이는 살색
중간톤 – 무광택 회갈색
컨투어 – 반짝이는 금빛 갈색
목　표: 얼굴형을 좀 더 갸름해 보이게 하고 외모가 섬세하게 그려질 수 있도록 한다.
화장법: 헤어라인과 턱에 컨투어 컬러를 칠해 얼굴의 "네 모서리"를 부드럽게 한다. 이마의 중앙과 코, 턱 끝에 하이라이트를 표현한다. 눈꺼풀과 눈썹 뼈를 밝게 하여 눈이 커 보이게 한다. 쌍꺼풀 라인과 속눈썹 라인을 명확하게 하여 눈의 형태를 살려 준다.

pat smith

얼굴형: 사각형
눈 모양: 기본형
섀　도: 하이라이트 – 반짝이는 살색
중간톤 – 무광택의 적갈색
컨투어 – 구릿 빛 짙은 갈색
목　표: 얼굴형이 좀 더 갸름하게 보이도록 한다.
화장법: 헤어라인과 턱에 컨투어 컬러를 표현해 얼굴의 "네 모서리"를 부드럽게 한다. 이마의 중앙, 코, 턱 끝에 하이라이트를 표현한다. 눈꺼풀과 눈썹 뼈를 밝게 한다. 속눈썹 라인과 쌍꺼풀라인을 명확하게 보이게 하기 위해, 짙은 색을 한 번에 칠하기 보다는 중간톤과 섞어 가며 단계적으로 어두워지도록 표현한다.

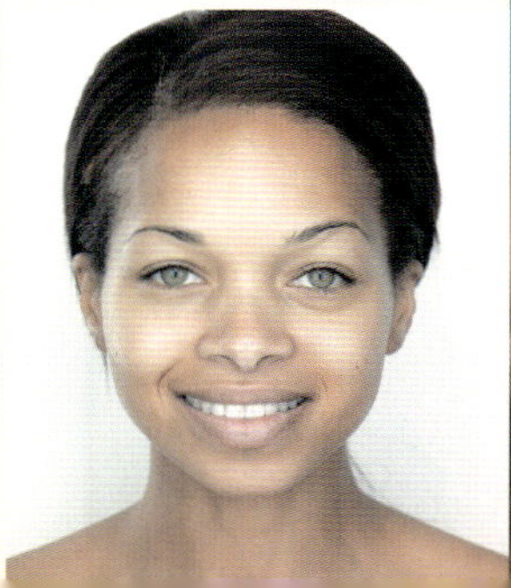

tracey allred

얼굴형: 배형(오각형)

눈 모양: 기본형

섀 도: 하이라이트 – 반짝이는 살색
중간톤 – 무광택의 장밋빛
컨투어 – 반짝이는 금빛 갈색

목 표: 얼굴형이 좀 더 갸름하게 보이도록 한다. 가장 자신 있는 부분인 눈을 밝게 하고 크게 보이도록 한다.

화장법: 얼굴 크기를 작아 보이게 하기 위해 턱 선과 볼에 컨투어 컬러를 표현한다. 이마의 가운데 부분을 밝게 하여 더 넓어보이게 한다. 눈꺼풀과 눈썹 뼈를 밝게 하여 눈이 더 커보이게 한다. 쌍꺼풀 라인과 속눈썹 라인을 명확하게 한다.

gloria mayfield-banks

얼굴형: 달걀형

눈 모양: 처진 형

섀 도: 하이라이트 – 반짝이는 살색
중간톤 – 무광택의 적갈색
컨투어 – 무광택의 자주색

목 표: 피부색을 고르게 하고 윤기 있게 보이게 한다. 눈 꼬리 부분이 처지지 않고 올라가 보이게 한다.

화장법: 피부색을 고르게 하기 위해 다양한 색의 파운데이션을 사용하고, 얼굴에 하이라이트를 표현한 부분에 금빛 나는 주황색 파우더로 마무리 해준다. 중간톤과 컨투어 컬러가 조화를 이루도록 잘 펴주며, 눈 꼬리의 바깥쪽부터 시작해 위쪽과 안쪽으로 조금씩 터치하듯 펴준다. 눈 꼬리보다 아래쪽이나 바깥쪽으로 퍼지지 않도록 주의한다.

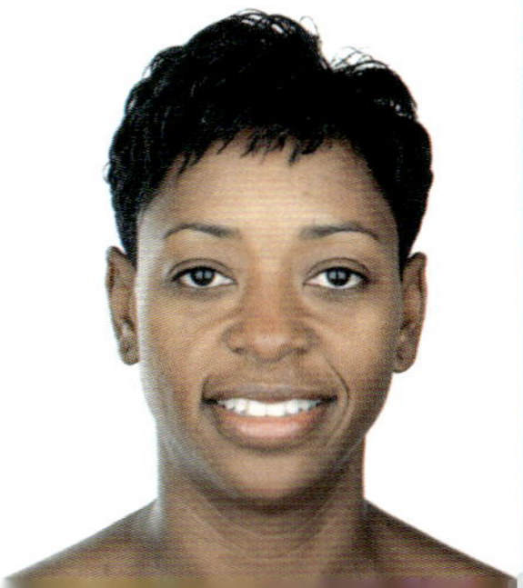

susan porter glassmoyer

얼굴형: 달갈형

눈 모양: 눈꺼풀이 덮인 형

섀 도: 하이라이트 – 반짝이는 베이지 색
중간톤 – 무광택의 회갈색
컨투어 – 반짝이는 금빛 갈색

목 표: 눈꺼풀의 윤곽을 선명하게 하여 눈으로 관심을 끌게 한다.

화장법: 눈꺼풀이 덮여 있는 부분에 중간톤과 컨투어 컬러를 단계적으로 펴 준다. 색을 단계적으로 표현함으로써 끝부분이 자연스럽게 피부 속으로 녹아 들어가 보이도록 한다.

brooke tobolka

얼굴형: 사각형

눈 모양: 기본형

섀 도: 하이라이트 – 반짝이는 베이지 색
중간톤 – 무광택의 회갈색
컨투어 – 무광택 짙은 갈색

목 표: 얼굴 모양이 좀 더 갸름하게 보이도록 한다.

화장법: 헤어 라인과 턱 선에 컨투어 컬러를 칠해 얼굴의 "네 모서리"를 부드럽게 한다. 이마, 코, 턱 끝에 하이라이트를 표현한다. Brooke는 눈꺼풀이 약간 덮여 있기 때문에, 그것이 눈에 띄게 하지 않기 위해 눈꺼풀에 중간톤과 컨투어 컬러를 사용하고 속눈썹 라인을 선명하게 표현한다.

arlene lenarz

얼굴형 : 사각형

눈 모양 : 눈 사이가 넓은 형

섀　도 : 하이라이트 – 반짝이는 살구 색
중간톤 – 무광택의 회갈색
컨투어 – 반짝이는 금빛 갈색

목　표 : 얼굴형이 좀 더 갸름해 보이게 하고 눈이 서로 더 가까워 보이도록 한다.

화장법 : 헤어 라인과 턱 선에 컨투어 컬러를 칠해 얼굴의 "네 모서리"를 부드럽게 한다. 이마의 중앙, 코, 턱 끝에 하이라이트를 표현한다. 쌍꺼풀 부분과 눈이 움푹 꺼진 부분에 중간톤의 색상을 단계적으로 칠하여 시각적으로 더 가까워 보이도록 한다.

roshawnda r. foster

얼굴형 : 배형(오각형)

눈 모양 : 기본형

섀　도 : 하이라이트 – 반짝이는 금색
중간톤 – 무광택의 적갈색
컨투어 – 진한 자주색

목　표 : 얼굴형이 더 갸름해 보이도록 한다.

화장법 : 관자놀이에 컨투어 컬러를 칠하고 볼의 움푹한 부분을 명확하게 하여 볼 부분의 넓이가 좁아 보이도록 한다. 턱을 밝게 칠하여 좀 더 넓어 보이게 한다. 눈꺼풀 부분을 고르게 하기 위해 중간톤의 섀도를 사용하고, 속눈썹 라인을 선명하게 표현한다.

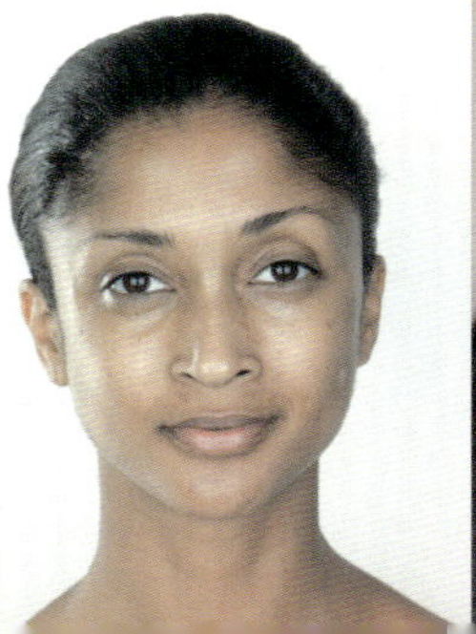

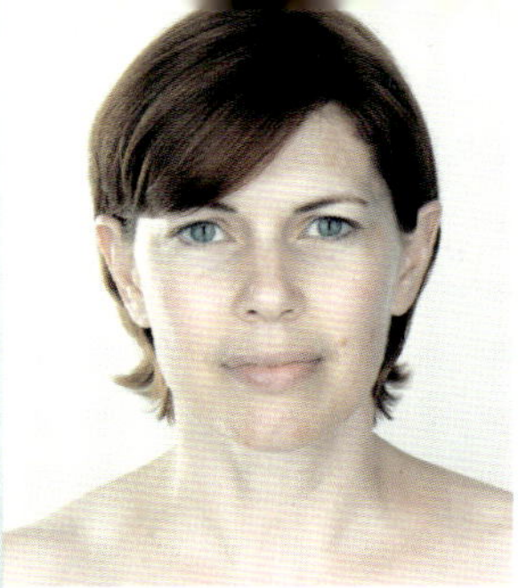

susan t. billy

얼굴형: 달걀형

눈 모양: 눈꺼풀이 덮인 형

섀　도: 하이라이트 – 반짝이는 베이지 색
중간톤 – 무광택의 회갈색
컨투어 – 반짝이는 금빛 갈색

목　표: 눈꺼풀의 윤곽선을 선명하게 하여 눈 쪽으로 시선이 가도록 한다.

화장법: 눈꺼풀이 덮여 있는 부분에 중간톤과 컨투어 컬러를 단계적으로 펴준다. 색을 단계적으로 펴 줌으로서 끝 부분이 자연스럽게 보이는 것을 도와준다.

wanda dalby

얼굴형: 달걀형

눈 모양: 눈꺼풀이 덮인 형

섀　도: 하이타이트 – 반짝이는 살구 색
중간튼 – 무광택의 회색
컨투어 – 반짝이는 금빛 갈색

목　표: 눈꺼풀이 덮여 있는 부분을 안으로 들어가 보이게 하고 눈이 커지게 한다. 피부가 젊어 보이도록 한다.

화장법: 중간톤과 컨투어 컬러를 눈꺼풀에 칠해 눈이 들어가고 크게 한다. 어두운 색에서 밝은 색으로 단계적으로 펴 주면 매우 자연스러운 효과를 만들어낸다. 연하고 부드러운 블러셔를 표현해 얼굴에 따뜻한 빛이 돌게 한다.

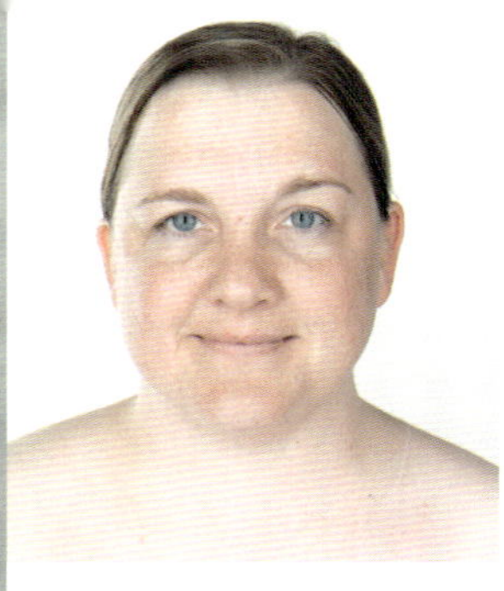

mary diamond

얼굴형 : 배형(오각형)

눈 모양 : 눈꺼풀이 덮인 형

섀　도 : 하이라이트 – 반짝이는 살구 색
중간톤 – 무광택의 짙은 회갈색
컨투어 – 반짝이는 금빛 갈색

목　표 : 얼굴을 계란형으로 보이게 한다. 눈두덩이를 최소화 하고 눈을 커보이게 한다.

화장법 : 볼, 턱, 그리고 관자놀이를 부드럽게 다듬어 계란형을 만든다. 중간톤과 컨투어 컬러를 눈꺼풀에 칠해 눈을 들어가 보이게 하고 크게 한다. 연한 색을 이용해 단계적으로 펴 주는 것은 매우 자연스러운 효과를 만든다. 또렷한 속눈썹 라인은 파란 눈동자 색을 더욱 돋보이게 한다.

julie baker

얼굴형 : 사각형

눈 모양 : 눈꺼풀이 덮인 형

섀　도 : 하이라이트 – 반짝이는 베이지 색
중간톤 – 무광택의 회갈색
컨투어 – 무광택의 적갈색

목　표 : 얼굴형을 갸름하게 보이도록 한다. 덮여있는 눈꺼풀을 최소화 하고, 눈이 좀 더 생기 있고 크게 보이게 한다.

화장법 : 헤어 라인과 턱 선에 컨투어 컬러를 칠하고 얼굴의 "네 모서리"를 부드럽게 한다. 이마 한가운데, 코, 그리고 턱 끝에 하이라이트를 표현한다. 그리고 중간톤과 컨투어 컬러를 눈두덩이에 단계적으로 표현해 그 부분이 들어가 보이게 한다.

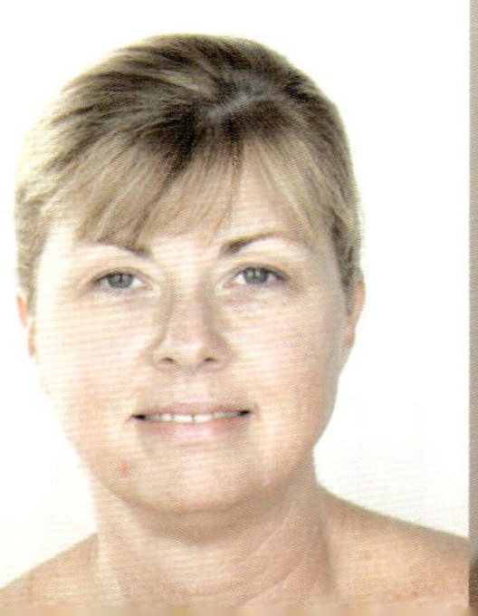

lynda keene

얼굴형: 계란형

눈 모양: 눈 사이가 넓은 형

섀 도: 하이라이트 – 반짝이는 베이지 색
중간톤 – 무광택의 장밋빛
컨투어 – 무광택의 진갈색

목 표: 눈이 서로 가까워 보이도록 하고 생기 있는 얼굴색이 돌게 한다.

화장법: 눈꺼풀과 눈썹 뼈가 맞닿는 부분(아이 홀)에 색을 칠해 안쪽으로 펴서 눈 모양을 가까이 모이게 한다. 입술과 볼에 붉은 색을 표현해 피부를 생기 있게 한다.

maxine allen

얼굴형: 계란형

눈 모양: 처진 형

섀 도: 하이라이트 – 무광택의 모래 색
중간톤 – 무광택의 연한 갈색
컨투어 – 무광택의 진갈색

목 표: 피부색을 고르게 하고 피부를 생기 있게 한다. 눈 꼬리 쪽이 처지지 않고 올라가 보이게 한다.

화장법: 여러 가지 톤의 파운데이션을 이용해 피부색을 고르게 한다. 금빛나는 오렌지색 파우더를 얼굴의 모든 하이라이트 부분에 칠해 피부색을 밝게 한다. 중간톤의 섀도를 눈꼬리에서 시작하여 안쪽으로 펴주고 눈꺼풀의 가운데에 컨투어 컬러를 표현해 눈의 중앙 부분을 어둡게 하여 시선이 중앙으로 가도록 한다.

jan harris

얼굴형 : 배형(오각형)

눈 모양 : 기본형

섀　도 : 하이라이트 – 반짝이는 살구 색
중간톤 – 무광택의 회갈색
컨투어 – 반짝이는 금빛 갈색

목　표 : 얼굴형이 갸름해 보이도록 한다. 눈을 선명하게 하고 더 커보이도록 한다.

화장법 : 관자놀이에 컨투어 컬러를 칠하고 볼의 움푹한 부분을 명확하게 하여 볼 부분의 넓이가 좁아 보이도록 한다. 턱을 밝게 칠해 좀 더 넓이가 있는 것처럼 보이게 한다. 마스카라를 이용하여 속눈썹을 풍성하게 하고 섀도를 사용해 눈을 선명하게 연출한다. 눈꺼풀과 쌍꺼풀의 안쪽 부분에 하이라이트를 표현해 눈이 열려 보이게 한다.

nancy castro

얼굴형 : 사각형

눈 모양 : 기본형

섀　도 : 하이라이트 – 반짝이는 베이지 색
중간톤 – 무광택의 회갈색
컨투어 – 무광택의 진갈색

목　표 : 좀 더 갸름한 얼굴형을 연출하고 눈이 돋보이도록 한다.

화장법 : 헤어 라인과 턱 선에 컨투어 컬러를 칠해 얼굴의 "네 모서리"를 부드럽게 한다. 이마, 코, 턱 끝에 하이라이트를 표현한다. 눈꺼풀과 눈썹 뼈에 하이라이트를 주어 밝게 하여 눈에 깊이감과 입체감을 준다. 쌍꺼풀과 속눈썹 라인을 선명하게 하여 눈의 형태를 잡아 더욱 돋보이게 한다.

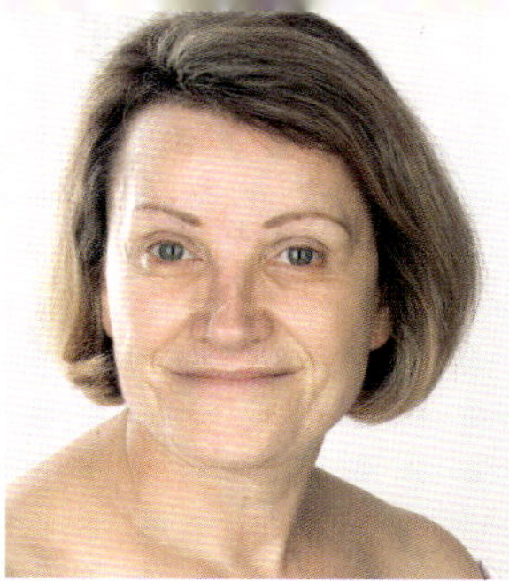

dr. fran kaiser

얼굴형 : 사각형

눈 모양 : 기본형

섀 도 : 하이라이트 – 반짝이는 살구 색
중간톤 – 무광택의 회갈색
컨투어 – 반짝이는 금빛 갈색

목 표 : 얼굴이 갸름해 보이도록 하고 피부가 어려보이도록 한다.

화장법 : 헤어 라인과 턱 선에 컨투어 컬러를 칠해 얼굴의 "네 모서리"를 부드럽게 한다. 이마, 코, 턱 끝에 하이라이트를 표현한다. 눈꺼풀과 눈썹 뼈에 하이라이트를 주어 눈에 깊이감과 입체감을 준다. 쌍꺼풀과 속눈썹 라인을 선명하게 하여 눈의 형태를 잡아준다. 부드럽고 따뜻한 블러셔를 표현해 얼굴에 따뜻한 빛이 돌게 한다.

sonia paez

얼굴형 : 배형(오각형)

눈 모양 : 눈꺼풀이 덮인 형

섀 도 : 하이라이트 – 반짝이는 금색
중간톤 – 무광택의 짙은 회갈색
컨투어 – 반짝이는 금빛 갈색

목 표 : 얼굴형이 더 갸름해 보이도록 한다. 눈이 열려있는 것처럼 보이게 하며 눈꺼풀의 덮여있는 부분을 최소한으로 보이게 한다.

화장법 : 관자놀이에 컨투어 컬러를 표현하고 볼의 움푹한 부분을 명확하게 하여 볼 부분의 넓이가 좁아 보이도록 한다. 턱을 밝게 칠하여 좀 더 넓이가 있는 것처럼 보이게 한다. 눈꺼풀에 중간톤과 컨투어 컬러를 섞어 단계적으로 표현해 눈꺼풀이 꺼져 보이게 한다.

erica tracy

얼굴형 : 사각형
눈 모양 : 기본형
섀　도 : 하이라이트 – 반짝이는 베이지 색
중간톤 – 무광택의 회갈색
컨투어 – 반짝이는 금빛 갈색
목　표 : 좀 더 얼굴이 갸름해 보이도록 한다.
화장법 : 헤어 라인과 턱 선에 컨투어 컬러를 칠해서 얼굴의 "네 모서리"를 부드럽게 한다. 이마, 코, 턱 끝에 하이라이트를 표현한다. 눈꺼풀과 눈썹 뼈에 하이라이트를 주어 눈에 깊이감과 입체감을 준다. 쌍꺼풀과 속눈썹 라인을 명확히 하여 눈의 모양을 선명하게 연출한다.

joanna hathcock

얼굴형 : 사각형
눈 모양 : 기본형
섀　도 : 하이라이트 – 반짝이는 베이지 색
중간톤 – 무광택의 회갈색
컨투어 – 반짝이는 금빛 갈색
목　표 : 얼굴 모양이 더 갸름해 보이도록 한다.
화장법 : 헤어 라인과 턱 선에 컨투어 컬러를 칠해 얼굴의 "네 모서리"를 부드럽게 한다. 이마, 코, 턱 끝에 하이라이트를 표현한다. Joanna는 보기 힘든 눈 모양을 가지고 있다. 그것을 강조하기 위해, 눈꺼풀과 눈썹 뼈에 하이라이트를 표현해 입체감을 더해주고, 쌍꺼풀과 아이라인의 앞머리 뾰족한 부분까지 윤곽선을 그려 더욱 또렷한 눈매를 표현한다.

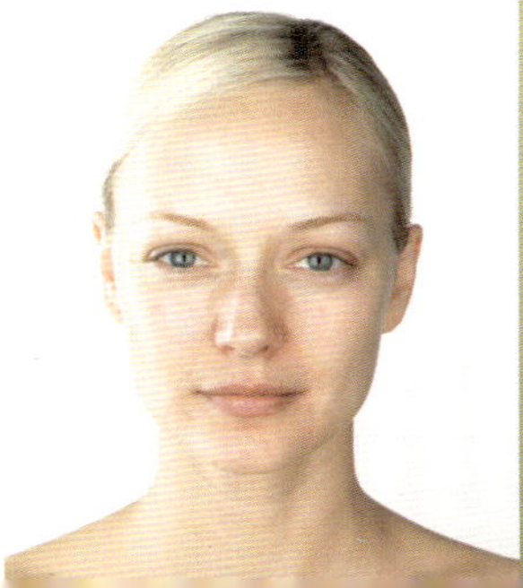

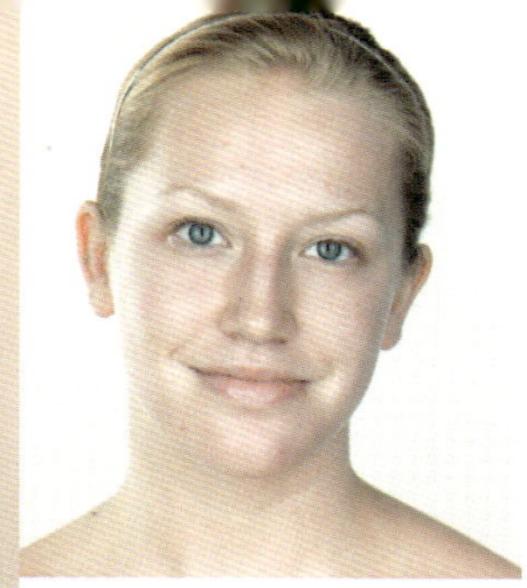

allison piro

얼굴형: 하트 모양

눈 모양: 기본형

섀　도: 하이라이트 – 반짝이는 살구 색
중간톤 – 무광택의 회갈색
컨투어 – 반짝이는 금빛 갈색

목　표: 얼굴형이 더 갸름해 보이도록 한다.

화장법: 관자놀이에 컨투어 컬러를 표현하고, 볼의 움푹한 부분을 명확하게 하여 볼 부분의 넓이가 좁아 보이도록 한다. 턱을 밝게 칠하여 좀 더 넓이가 있어 보이게 한다. 속눈썹 라인을 선명하게 하여 눈동자의 색을 부각시킨다.

kim henry

얼굴형: 사각형

눈 모양: 기본형

섀　도: 하이라이트 – 무광택의 모래색
중간톤 – 무광택의 적갈색
컨투어 – 짙은 자주색

목　표: 피부색을 고르고 밝게 하여 생기 있어 보이고 갸름해 보이도록 한다.

화장법: 여러 가지 색의 파운데이션을 이용하여 피부색을 고르게 한다. 금빛 주황색 파우더를 얼굴의 하이라이트 부분에 표현해 피부를 밝게 한다. 헤어 라인과 턱 선에 컨투어 컬러를 칠해 얼굴의 "네 모서리"를 부드럽게 한다. 이마, 코, 턱 끝에 하이라이트를 표현한다. 눈꺼풀과 눈썹 뼈에 하이라이트를 입혀 눈에 깊이감과 입체감을 준다. 쌍꺼풀과 속눈썹 라인을 명확히 하여 눈이 선명해 보이도록 한다.

patricia young

얼굴형 : 계란형

눈 모양 : 처진 형

섀　도 : 하이라이트 – 반짝이는 베이지 색
중간톤 – 무광택의 회색
컨투어 – 반짝이는 금빛 갈색

목　표 : 눈 꼬리가 처지지 않고 위로 올라가 보이도록 한다. 피부가 더 어려보이도록 한다.

화장법 : 중간톤과 컨투어 컬러의 아이섀도를 잘 섞어 눈 꼬리에서 시작해 위쪽으로 조금씩 펴서, 눈 꼬리가 아래쪽이 아닌 위쪽으로 올라가 보이게 한다. 부드럽고 따뜻한 블러셔를 이용해 얼굴에 따뜻한 빛이 돌게 한다.

sarah bird

얼굴형 : 배형(오각형)

눈 모양 : 기본형

섀　도 : 하이라이트 – 반짝이는 베이지 색
중간톤 – 무광택의 회갈색
컨투어 – 무광택의 짙은 회갈색

목　표 : 좀 더 갸름한 얼굴로 보이게 하고 너무 성숙하게 만들지 않으면서 피부에 빛이 나도록 표현한다.

화장법 : 턱 선과 볼에 컨투어 컬러를 발라 넓이를 최소한으로 보이게 한다. 이마에 하이라이트를 표현해 넓어 보이게 한다. 속눈썹 라인을 그려 눈이 선명하게 보이도록 유도하고 눈꺼풀과 눈썹 뼈를 밝게 해 눈에 깊이감과 입체감을 표현한다.

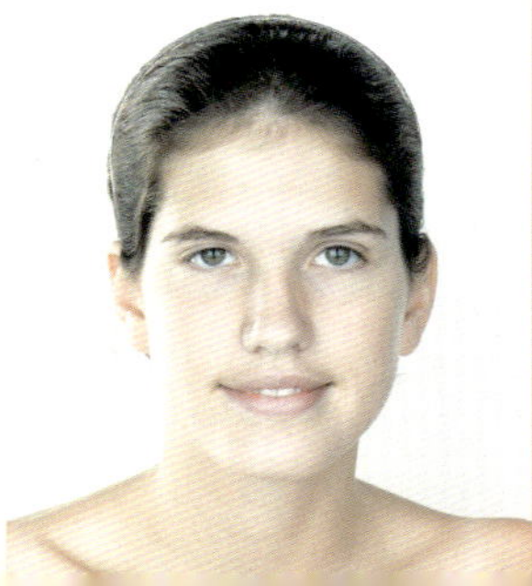

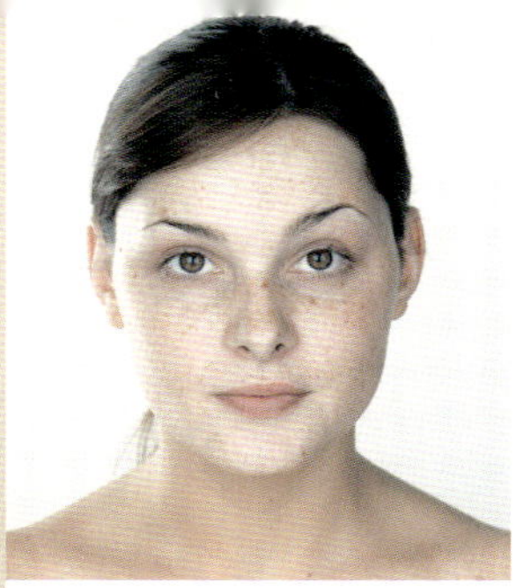

ashley cantley

얼굴형: 배 (오각형)

눈 모양: 기본형

섀　도: 하이라이트 – 반짝이는 베이지 색
중간톤 – 무광택의 회갈색
컨투어 – 반짝이는 금빛 갈색

목　표: 얼굴형이 갸름해 보이게 하고 눈으로 관심을 끈다.

화장법: 턱 선과 볼에 컨투어 컬러를 칠해 넓이를 최소한으로 보이게 한다. 이마에 하이라이트를 표현해 더 넓어보이게 한다. 눈으로 시선을 끌기 위해 속눈썹 라인과 쌍꺼풀을 선명하게 표현한다.

holly jonsson

얼굴형: 사각형

눈 모양: 기본형

섀　도: 하이라이트 – 반짝이는 살구 색
중간톤 – 무광택의 회갈색
컨투어 – 무광택 짙은 회갈색

목　표: 얼굴형이 좀 더 갸름하게 보이도록 하고 피부에 빛이 나도록 표현한다. 많은 양의 색을 사용하지 말고 최소한으로 사용해 윤곽을 잡도록 한다.

화장법: 머리카락과 턱에 컨투어 컬러를 칠해서 얼굴의 "네 모서리"를 부드럽게 한다. 이마, 코, 턱 끝에 하이라이트를 표현한다. 화장을 최소한으로 하기 위해 더욱 미세한 색들을 사용하여 사실상 화장을 거의 하지 않은 것 같은 모습을 연출한다.

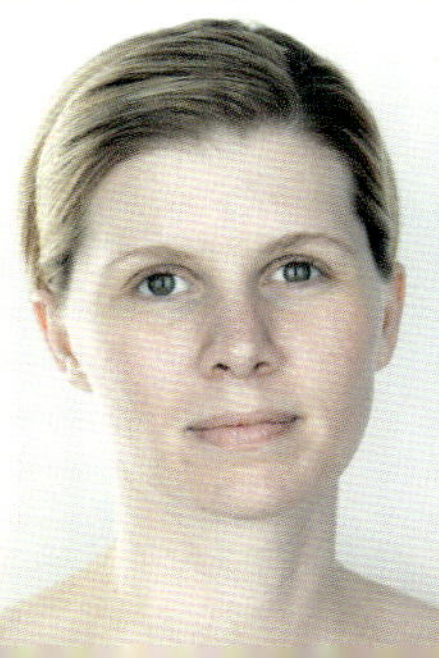

kathy helou

얼굴형: 사각형
눈 모양: 눈꺼풀이 덮인 형태
섀 도: 하이라이트 – 반짝이는 살색
중간톤 – 무광택의 회갈색
컨투어 – 반짝이는 골드 브라운
목 표: 달걀형 얼굴 형태로 보이게 한다. 처진 눈꺼풀을 올라가게 하고 눈을 좀 더 커 보이고 활력 있게 한다.
화장법: 헤어라인과 턱 선에 컨투어 컬러를 칠해 얼굴의 "네 모서리"를 부드럽게 한다. 그리고 처진 눈꺼풀 부위에 중간톤의 섀도를 단계적으로 칠하고 어두운 색으로 윤곽을 선명하게 해준다. 색을 단계적으로 표현하면 훨씬 더 미묘하고 자연스럽다.

jordan helou

얼굴형: 사각형
눈 모양: 기본형
섀 도: 하이라이트 – 반짝이는 베이지
중간톤 – 무광택의 회갈색
컨투어 – 반짝이는 골드 브라운
목 표: 좀 더 계란형의 얼굴형으로 보이게 한다. 그녀의 특징을 더 섬세하게 표현한다.
화장법: 헤어 라인과 턱 선에 컨투어 컬러를 칠해 얼굴의 "네 모서리"를 부드럽게 한다. 이마의 가운데와 코, 턱 끝에 하이라이트를 표현한다. 눈꺼풀과 눈썹 뼈에도 하이라이트를 표현해 강조하고 속눈썹 라인과 쌍꺼풀 라인을 두드러지게 한다. 반짝이는 입술로 마무리한다.

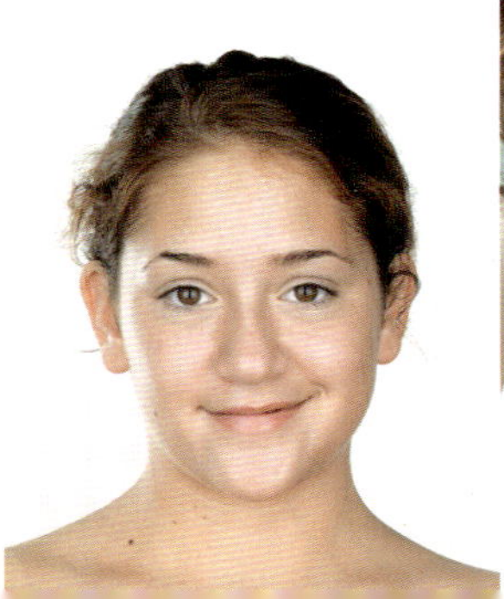

sidney helou

얼굴형: 사각형

눈 모양: 기본형

섀　도: 하이라이트 – 반짝이는 베이지
중간톤 – 무광택의 회갈색
컨투어 – 반짝이는 골드 브라운

목　표: 좀 더 계란형의 얼굴형으로 보이게 한다. 그녀의 특징을 미묘하게 표현한다.

화장법: 피부가 놀랍도록 아름다우므로 피부 표현을 많이 하지 않는다. 헤어 라인과 턱 선에 컨투어 컬러를 칠해 얼굴의 각진 부분이 부드러워 보이도록 한다. 이마의 가운데와 코와 턱의 끝에 하이라이트를 표현한다. 눈꺼풀과 눈썹 뼈에도 하이라이트를 한다. 아이 홀 선을 연하게 강조해준다.

braden harris

얼굴형: 사각형

눈 모양: 눈꺼풀이 덮인 형

섀　도: 하이라이트 – 반짝이는 살색
중간톤 – 무광택의 회갈색
컨투어 – 반짝이는 금빛 갈색

목　표: 좀 더 계란형의 얼굴형으로 보이게 한다. 눈꺼풀이 덮인 것을 최소화해서 눈이 더 커 보이고 생기 있는 모습으로 보이게 한다.

화장법: 헤어 라인과 턱 선에 컨투어 컬러를 칠해 얼굴의 "네 모서리"를 부드럽게 한다. 중간톤의 색상을 눈꺼풀의 처진 부위에 단계적으로 펴주고 어두운 색으로 윤곽을 살려준다. 색을 단계적으로 펴주는 것이 좀 더 미묘하고 자연스럽게 보이게 해준다.

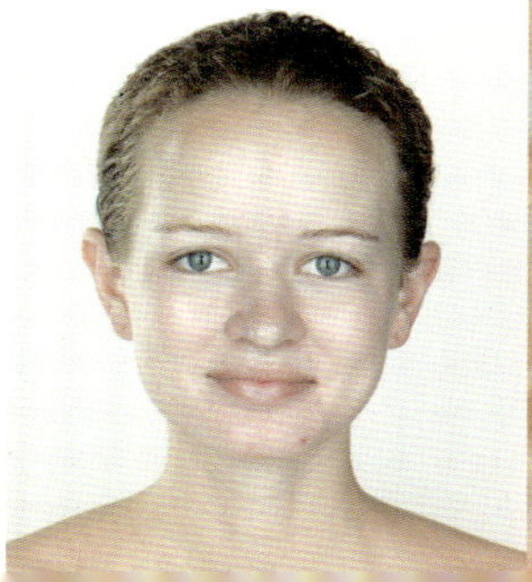

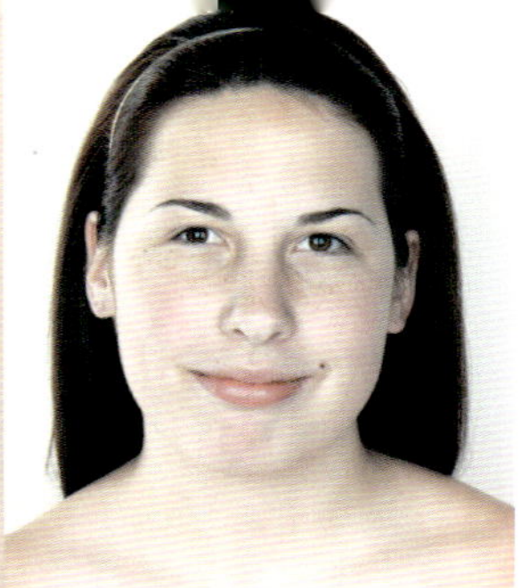

vanessa shasteen

얼굴형 : 배형(오각형)

눈 모양 : 기본형

섀　도 : 하이라이트 – 반짝이는 살색
중간톤 – 무광택의 회갈색
컨투어 – 무광택의 짙은 회갈색

목　표 : 좀 더 계란형의 얼굴형으로 보여준다. 너무 나이 들어 보이지 않도록 하면서 그녀의 특징을 미묘하게 살린다.

화장법 : 턱 라인과 뺨의 윤곽을 살려서 그녀의 넓은 얼굴을 최소화시킨다. 앞이마의 중간을 두드러지게 강조해서 좀 더 넓어보이도록 한다. 속눈썹 라인을 미묘하게 강조하고 입술을 반짝이게 하여 젊고 활력 있어 보이도록 한다.

stacy james

얼굴형 : 긴 형

눈 모양 : 처진 형

섀　도 : 하이라이트 – 반짝이는 금색
중간톤 – 무광택의 회갈색
컨투어 – 반짝이는 금빛 갈색

목　표 : 눈 끝이 올라가 보이도록 한다. 좀 더 계란형 얼굴로 보이게 한다.

화장법 : 중간톤과 컨투어 컬러의 섀도를 눈 끝에서부터 진하게 바르고 눈의 안쪽과 위쪽 방향으로 펴 준다. 뺨의 복사뼈 위에 블러셔를 확실하게 표현해 얼굴의 길이가 짧아 보이도록 한다.

tess mullen

얼굴형: 계란형

눈 모양: 기본형

섀　도: 하이라이트 – 반짝이는 베이지 색
중간톤 – 무광택의 회갈색
컨투어 – 무광택의 짙은 회갈색

목　표: 윤곽선을 부드럽게 하여 전체적으로 품위 있고 세련돼 보이도록 한다.

화장법: Tess와 같은 계란형 얼굴에는 수정할 곳이 많이 없다. 브론즈를 표현하여 피부를 따뜻하게 보이도록 한다. 미묘하게 눈꺼풀과 눈썹 뼈에 하이라이트를 표현해 눈에 깊이감과 입체감을 주고, 부드러운 컬러로 쌍꺼풀 라인과 속눈썹 라인을 약하게 표현한다.

stefanie cox

얼굴형: 사각형

눈 모양: 눈 사이가 먼 형

섀　도: 하이라이트 – 반짝이는 베이지
중간톤 – 무광택의 회갈색
컨투어 – 무광택의 짙은 회갈색

목　표: 좀 더 계란형의 얼굴로 보이게 하고 두 눈이 좀 더 가까이 모아 보이도록 한다.

화장법: 헤어 라인과 턱 선에 컨투어 컬러를 칠해 얼굴의 "네 모서리"를 부드럽게 한다. 이마 중앙과 코와 턱 끝에 하이라이트를 표현한다. 아이 홀 부분과 홀의 안쪽에 중간톤의 섀도를 단계적으로 칠해 눈이 돌출되고 가까이 모여 보이도록 한다.

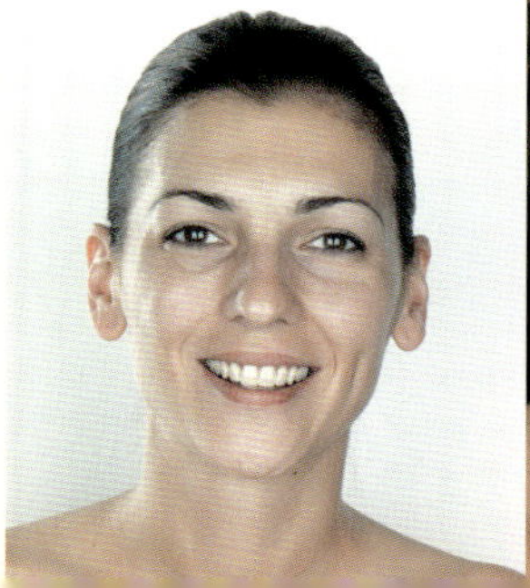

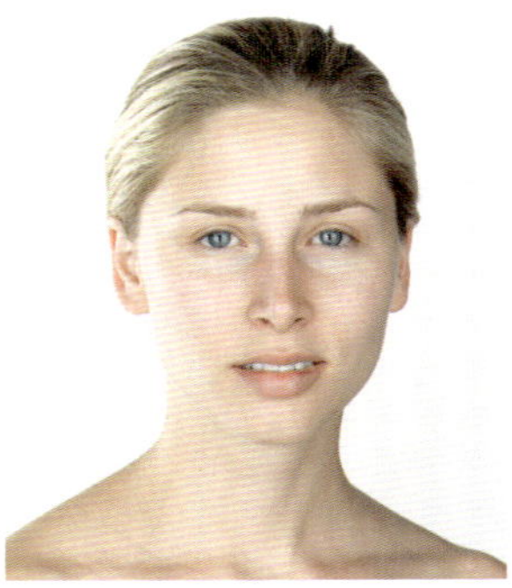

poppi monroe

얼굴형 : 사각형

눈 모양 : 기본형

섀　도 : 하이라이트 – 반짝이는 살색
중간톤 – 무광택의 회갈색
컨투어 – 반짝이는 골드 브라운

목　표 : 좀 더 계란형의 얼굴로 보이도록 하고 특징을 미묘하게 살린다.

화장법 : 헤어 라인과 턱 선에 컨투어 컬러를 칠해 얼굴의 "네 모서리"를 부드럽게 한다. 이마 중앙과 코와 턱 끝에 하이라이트를 표현한다. 눈꺼풀과 눈썹 뼈에도 하이라이트를 주어 깊이감과 입체감을 살려 준다. 쌍꺼풀 라인과 속눈썹 라인을 두드러지게 하여 눈이 선명해 보이도록 한다.

julianne

얼굴형 : 사각형

눈 모양 : 움푹 들어간 형

섀　도 : 하이라이트 – 반짝이는 베이지
중간톤 – 무광택의 회갈색
컨투어 – 반짝이는 골드 브라운

목　표 : 좀 더 계란형의 얼굴로 보이게 한다. 눈이 앞으로 돌출되게 하고 눈썹 뼈가 들어가 보이도록 한다.

화장법 : 헤어 라인과 턱 선에 컨투어 컬러를 칠해서 얼굴의 "네 모서리"를 부드럽게 한다. 이마 중앙과 코와 턱 끝에 하이라이트를 표현한다. 눈꺼풀에만 하이라이트를 주어 눈이 앞으로 돌출되도록 한다. 눈썹 뼈에는 중간톤을 칠해서 눈썹 뼈가 들어가 보이도록 한다.

marisol

얼굴형 : 달갈형

눈 모양 : 기본형

섀　도 : 하이라이트 – 무광택의 모래색
중간톤 – 무광택의 연한 갈색
컨투어 – 무광택의 진갈색

목　표 : 눈의 윤곽을 선명하게 하고 눈이 커보이게 한다. 피부를 아름답고 빛나 보이게 한다.

화장법 : 속눈썹 라인을 확실하게 강조하고, 속눈썹을 풍성하게 하여 눈을 강조한다. 여러 겹으로 마스카라를 칠하여 길고 풍성해 보이도록 한다. 피부에 브론즈를 사용하여 매력적인 피부로 만들고 그 위에 따뜻한 색으로 블러셔를 표현한다.

pam frank

얼굴형 : 사각형

눈 모양 : 눈꺼풀이 덮인 형

섀　도 : 하이라이트 – 반짝이는 살색
중간톤 – 무광택의 회갈색
컨투어 – 반짝이는 금빛 갈색

목　표 : 얼굴이 좀 더 갸름하게 보이도록 한다. 눈꺼풀이 덮인 모양을 최소화시켜 눈이 좀 더 커 보이고 생기 있어 보이도록 한다.

화장법 : 헤어라인과 턱 선에 컨투어 컬러로 얼굴의 "네 모서리"를 부드럽게 한다. 이마의 중앙, 코, 턱 끝에 하이라이트를 표현한다. 눈꺼풀의 처진 부위에 중간톤과 컨투어 컬러를 단계적으로 칠하면 섬세하고 자연스러워 보인다.

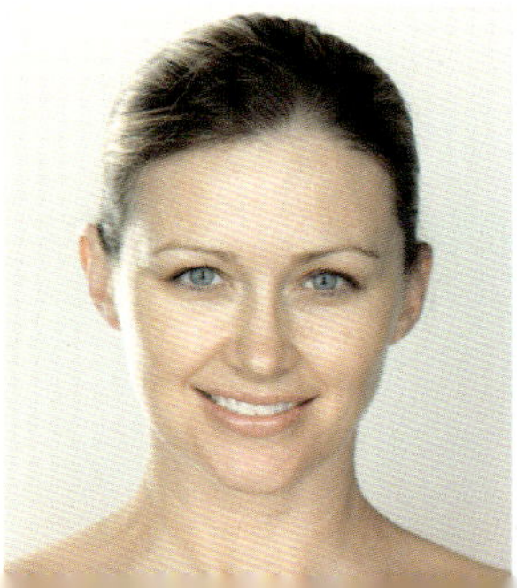

patty woodrich

얼굴형: 배형(오각형)

눈 모양: 눈꺼풀이 덮인 형

섀 도: 하이라이트 – 반짝이는 살색
중간톤 – 무광택의 회갈색
컨투어 – 반짝이는 금빛 갈색

목 표: 얼굴이 좀 더 갸름하게 보이도록 한다. 눈꺼풀이 처진 것을 완화해준다.

화장법: 턱 선과 뺨에 컨투어 컬러를 칠해 넓은 얼굴을 좁아 보이게 한다. 이마 중앙 부위에 하이라이트를 칠해 더 넓어보이게 한다. 처진 눈꺼풀에 중간톤과 컨투어 컬러의 섀도를 단계적으로 펴준다. 색을 단계적으로 칠하면 섬세하고 자연스러워 보인다.

debi moore

얼굴형: 계란형

눈 모양: 움푹 들어간 형

섀 도: 하이라이트 – 반짝이는 베이지 색
중간톤 – 무광택의 회갈색
컨투어 – 반짝이는 금빛 갈색

목 표: 눈을 돌출돼 보이게 하고 눈썹 뼈가 들어가 보이도록 한다. 피부가 아름답게 빛나도록 하며 입술이 도톰해 보이도록 한다.

화장법: 눈꺼풀에만 하이라이트를 주어 눈이 앞으로 돌출돼 보이도록 한다. 눈썹 뼈에 중간톤을 칠하여 들어가 보이도록 한다. 뺨과 관자놀이에 브론즈를 사용하고 그 위에 따뜻한 색으로 블러셔하여 빛이 나는 피부를 연출해 준다. 입술을 강조하여 입술이 더 두툼해 보이도록 한다.

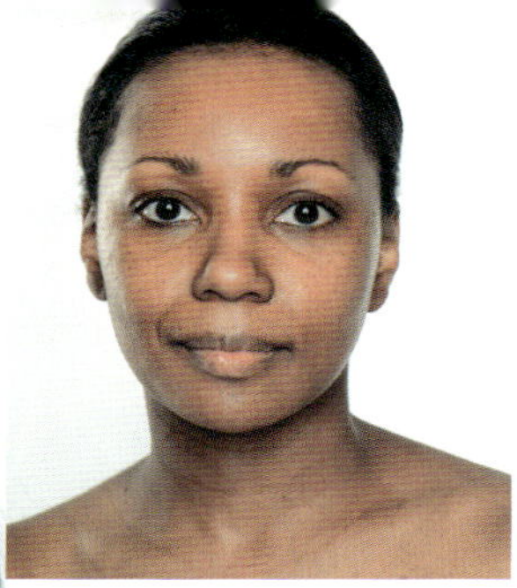

lori jones

얼굴형: 사각형

눈 모양: 기본형

섀　도: 하이라이트 – 반짝이는 금빛
중간톤 – 무광택의 적갈색
컨투어 – 무광택의 진갈색

목　표: 얼굴이 갸름해 보이도록 한다. 피부톤을 고르고 밝아 보이게 한다.

화장법: 헤어 라인과 턱 선에 컨투어 컬러를 칠해서 얼굴의 "네 모서리"를 부드럽게 한다. 이마 중앙과 코와 턱 끝에 하이라이트를 표현한다. 피부 톤을 고르게 하기 위해 여러 색의 파운데이션을 칠하고 하이라이트를 표현한 부위에 금빛 오렌지 색 파우더를 칠하여 피부를 밝게 한다.

elaine moock

얼굴형: 사각형

눈 모양: 눈꺼풀이 덮인 형

섀　도: 하이라이트 – 반짝이는 살색
중간톤 – 무광택의 회갈색
컨투어 – 반짝이는 금빛 갈색

목　표: 얼굴이 좀 더 갸름해 보이도록 한다. 덮인 눈꺼풀을 최소화시켜 눈이 커 보이고 생기있어 보이게 한다.

화장법: 헤어라인과 턱 선에 컨투어 컬러를 칠해 얼굴의 "네 모서리"를 부드럽게 한다. 처진 눈꺼풀에 중간톤과 컨투어 컬러의 섀도를 단계적으로 펴준다. 색을 단계적으로 칠하는 것이 섬세하고 자연스러워 보인다.

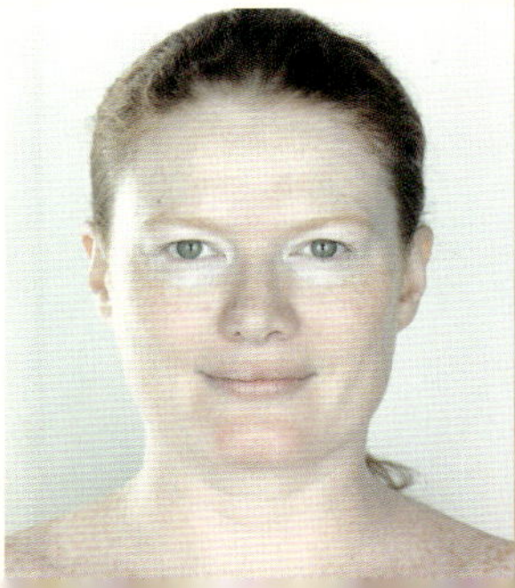

12

models need makeup too

모델들도 메이크업이 필요하다

사람들은 모델들이 완벽하다고 생각하는데 비록 그들이 완벽한 외모를 가졌다 하더라도 약간의 메이크업은 꼭 한다. 이 장에서는 내가 생각하기에 가장 아름답다고 느끼는 모델들을 택하여 그들이 메이크업을 하지 않아도 아름답지만 메이크업을 하면 더 아름다워진다는 것을 보여준다.(모델들조차도 아침에 일어났을 때의 모습은 당신들과 별반 다르지 않다!) 그래서 그들의 변신하는 모습을 보고 당신도 그들만큼 아름답다는 것을 알기 바란다.

fabiama

얼굴형 : 사각형

눈 모양 : 기본형

섀　 도 : 하이라이트 – 반짝이는 베이지 색
중간톤 – 무광택의 회갈색
컨투어 – 반짝이는 금빛 갈색

목　 표 : 얼굴이 좀 더 갸름해 보이도록 한다. 아름다운 눈을 강조한다.

화장법 : 헤어라인과 턱 선에 컨투어 컬러를 칠해 얼굴의 "네 모서리"를 부드럽게 한다. 이마, 눈 밑의 아래, 턱, 광대뼈의 가장 높은 부분에 하이라이트를 표현한다. 속눈썹 라인에 깊은 음영을 주어 눈동자 색과 윤곽을 강조한다.

cynthia

얼굴형 : 사각형

눈 모양 : 기본형

섀　 도 : 하이라이트 – 반짝이는 흰색 금빛
중간톤 – 무광택의 적갈색
컨투어 – 반짝이는 보라색

목　 표 : 얼굴이 좀 더 갸름하게 보이도록 한다. 피부 톤을 고르게 하고 밝게 하여 얼굴에 생기를 준다.

화장법 : 다양한 음영의 파운데이션을 사용하고, 고르지 못한 피부 톤을 고르게 만들어 준다. 가장 중요한 것은 얼굴색을 밝게 하는 것으로 하이라이트를 표현한 부위에 금빛 오렌지 색 파우더를 사용한다. 헤어 라인과 턱 선에 컨투어 컬러를 칠해 얼굴의 "네 모서리"를 부드럽게 한다.

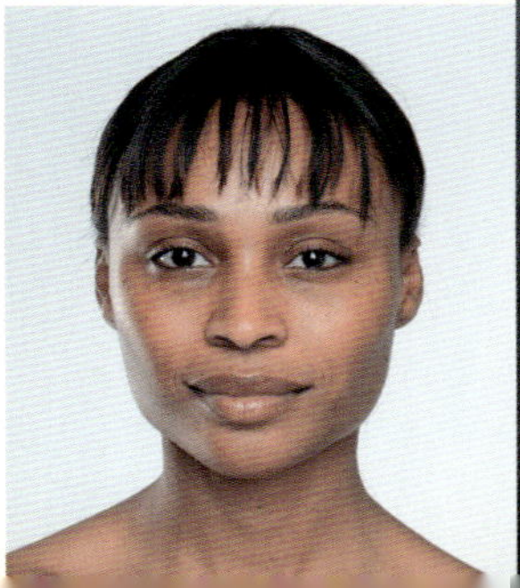

kate

얼굴형 : 계란형

눈 모양 : 기본형

섀　도 : 하이라이트 – 반짝이는 살색
중간톤 – 무광택의 회갈색
컨투어 – 무광택의 연한 갈색

목　표 : 파란색의 눈동자가 매력적이다. 피부를 빛나도록 한다.

화장법 : 강하면서도 따뜻한 옅은 빛깔을 가진 모든 아이섀도를 선택하여 파란 눈동자를 더욱 강조해 준다. 윤곽을 선명하게 하기 위해 어두운 색의 섀도를 사용할 필요가 없다. 왜냐하면 따뜻한 옅을 빛깔이 파란색 그 자체를 충분히 강조하기 때문이다. 뺨과 관자놀이에 브론즈를 사용하여 피부를 놀랍도록 빛나게 한다. 부드럽고 따뜻한 입술이 눈동자의 파란 빛과 조화를 이루며 돋보이도록 한다.

nonna

얼굴형 : 계란형

눈 모양 : 기본형

섀　도 : 하이라이트 – 반짝이는 금빛
중간톤 – 무광택의 회갈색
컨투어 – 무광택의 짙은 회갈색

목　표 : 눈을 강조하고 피부를 빛나게 한다.

화장법 : 속눈썹을 올리고 마스카라를 여러 겹 칠하여 짙은 아이섀도의 표현 없이 눈의 윤곽을 살린다. 마스카라를 수직으로, 수평으로 칠하는 것을 확실히 하여 눈썹이 길고 풍성해 보이도록 한다. 부드러운 입술 색을 칠하여 시선이 눈으로 가도록 한다. 뺨과 관자놀이에 브론즈를 칠하여 피부가 빛나도록 한다.

kate

얼굴형 : 계란형

눈 모양 : 눈꺼풀이 덮인 형

섀　도 : 하이라이트 – 반짝이는 살색
중간톤 – 무광택의 회갈색
컨투어 – 반짝이는 금빛 갈색

목　표 : 눈꺼풀이 처진 것을 최소화시켜 눈이 좀 더 커 보이고 또렷하게 만든다. 피부를 아름답게 보이도록 한다.

화장법 : 처진 눈꺼풀에 중간톤과 컨투어 컬러의 섀도를 단계적으로 펴준다. 색을 단계적으로 칠하는 것이 좀 더 섬세하고 자연스러워 보이도록 한다. 속눈썹을 충분히 올려 눈이 커 보이도록 한다. 관자놀이와 뺨에 브론즈를 칠하고 그 위에 따뜻한 색으로 블러셔하여 얼굴이 빛나 보이도록 한다.

lauren

얼굴형 : 사각형

눈 모양 : 기본형

섀　도 : 하이라이트 – 반짝이는 금색
중간톤 – 무광택의 회갈색
컨투어 – 반짝이는 구릿빛

목　표 : 얼굴이 갸름하게 보이도록 한다. 아름다운 갈색 눈을 두드러지게 한다.

화장법 : "네 모서리"에 브론즈와 컨투어 컬러를 칠한다. 이마, 눈 밑 아래, 턱, 광대뼈의 가장 높은 부분에 하이라이트를 표현한다. 속눈썹 라인을 따라 깊은 음영을 주어 눈의 윤곽이 또렷해 보이도록 한다.

alyssa

얼굴형: 사각형

눈 모양: 기본형

섀 도: 하이라이트 – 무광택의 살색
중간톤 – 무광택의 회갈색
컨투어 – 무광택의 갈색

목 표: 얼굴이 좀 더 갸름해 보이도록 한다. 피부의 톤을 아름답게 보이도록 한다.

화장법: "네 모서리"에 브론즈와 컨투어 컬러를 칠한다. 눈 밑, 이마의 중앙, 광대뼈의 가장 높은 부분, 턱에 하이라이트를 표현한다. 뺨에 사과 색의 블러셔를 발라 깊이감 있고 생기 있어 보이게 한다.

glenna

얼굴형: 계란형

눈 모양: 기본형

섀 도: 하이라이트 – 반짝이는 살색
중간톤 – 무광택의 회갈색
컨투어 – 반짝이는 보라색

목 표: 피부에 색을 더하고 빛나게 한다. 눈 쪽으로 시선을 끌도록 한다.

화장법 한 단계 어두운 파운데이션을 이용하여 피부를 따뜻해 보이도록 하고, 뺨과 관자놀이에 브론즈를 사용하여 피부에 혈색을 주어 자연스러워 보이도록 한다. 눈에 관심을 끌게 하기 위해 아이섀도를 충분히 표현한다.

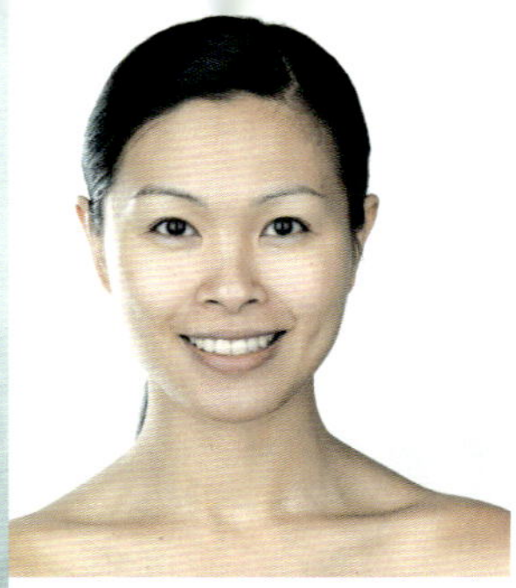

eleanor

얼굴형: 계란형

눈 모양: 눈꺼풀이 덮인 형

섀　도: 하이라이트－반짝이는 베이지 색
중간톤－무광택의 짙은 회갈색
컨투어－반짝이는 초록빛 갈색

목　표: 처진 눈을 최소화시켜 눈이 좀 더 커 보이고 생기 있게 한다.

화장법: 눈꺼풀이 처진 부위에 중간톤과 컨투어 컬러의 섀도를 칠해 처짐이 덜하고 눈이 커 보이게 한다. 중간톤으로 한 층을 칠한 다음 단계적으로 펴 주어 돌출되어진 눈꺼풀이 자연스럽게 들어가 보이도록 한다.

sylvia

얼굴형: 둥근형

눈 모양: 눈꺼풀이 덮인 형

섀　도: 하이라이트－반짝이는 베이지 색
중간톤－무광택의 회갈색
컨투어－무광택의 진갈색

목　표: 처진 눈꺼풀을 최소화시켜 눈이 좀 더 커 보이고 생기 있게 한다. 얼굴이 갸름해 보이도록 한다.

화장법: 눈꺼풀이 처진 부위에 중간톤과 컨투어 컬러의 섀도를 칠해 처짐이 덜하고 눈이 커보이게 한다. 중간톤으로 한 층을 칠한 다음 단계적으로 펴주어 처진 눈꺼풀이 자연스럽게 덜 처져 보이도록 한다. 얼굴의 윤곽선을 따라 컨투어 컬러를 칠해 얼굴이 작아 보이도록 한다. 이마의 중앙, 눈 밑, 광대뼈의 가장 높은 곳, 턱 끝에 하이라이트를 표현한다.

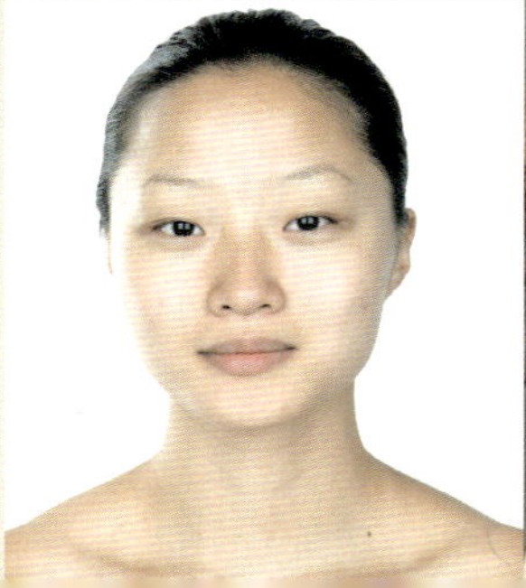

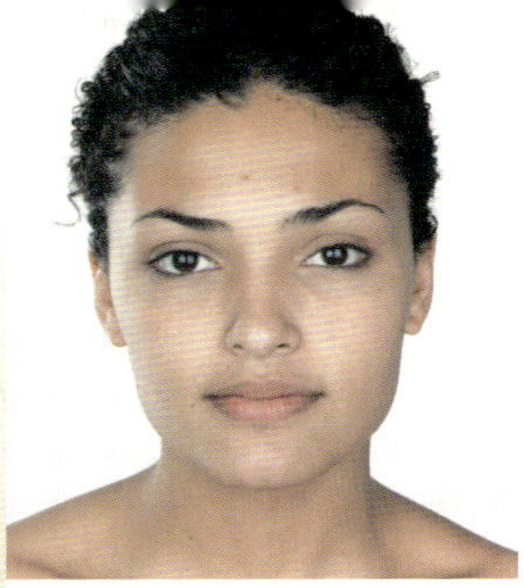

carol

얼굴형 : 사각형
눈 모양 : 기본형
섀 도 : 하이라이트 – 반짝이는 금색
중간톤 – 무광택의 연한 갈색
컨투어 – 반짝이는 구릿빛
목 표 : 얼굴이 갸름해 보이도록 한다. 아름다운 피부 톤을 강조해준다.
화장법 : 얼굴의 "네 모서리"에 브론즈와 컨투어 컬러를 칠한다. 이마와 눈 밑, 광대뼈의 가장 높은 곳과 턱에 하이라이트를 표현한다. 아이섀도, 블러셔, 립스틱을 이용해 구릿빛의 피부 톤을 완성시키고 자연스럽게 빛나도록 한다.

alischia

얼굴형 : 사각형
눈 모양 : 기본형
섀 도 : 하이라이트—반짝이는 금색
중간톤—무광택의 적갈색
컨투어—무광택의 검정색
목 표 : 얼굴이 갸름해 보이도록 한다. 피부 톤을 고르게 하고 밝게 하여 피부에 생기를 더한다.
화장법 : 다양한 색의 파운데이션을 사용하여 고르지 못한 피부 톤을 정리한다. 가장 중요한 것은 얼굴을 밝게 하고, 하이라이트를 표현한 부위에 금빛 오렌지 색 파우더를 표현해 생기를 준다. 헤어 라인과 턱 선에 컨투어 컬러를 칠해 얼굴의 "네 모서리"를 부드럽게 한다.

나는 오랜 세월동안 미에 대한 가치관에 영향을 준 아름답고 강한 여성들과 함께 해 왔다. 미에 대한 훈련은 수년의 미술공부로 시작되었고, 그것이 내가 다양한 톤에 대해 특별한 관심을 쏟는 이유이다. 내 외할아버지는 소질 있는 예술가이자 화가여서, 내 어머니께서 아주 일찍 내가 비슷한 재능을 보이는 것을 발견했을 때 미술을 공부하도록 권유하셨다. 육학년 때부터 나는 휴스턴에 있는 순수미술 박물관에서 장학금을 받으며 그림과 조각을 배웠다.

수년의 미술 공부 후 연기에 몰입하게 되었다. 그리고 performing arts를 위한 고등학교에 진학했고 연극을 전공했다. 이때부터 화장에 대한 관심이 시작되었고, 출연한 연극배우들에게 화장을 하게 되었다. 사실, 그곳이야말로 내가 신께서 내리신 미에 대한 재능을 발휘하게 된 곳이었다. 그리고 머리와 피부(미용)를 포함한 미의 여러 방면을 공부함으로써 학업을 이어갔다.

나는 아주 오래전부터 글래머러스함에 도취되었다. 내 세대의 많은 사람들처럼 난 어렸을 때 바비 인형이 미와 글래머러스함의 절대 최고라 여겼다. 나에겐 세 자매가 있고, 우리는 자라면서 바비 인형을 갖고 놀았다. 내가 생각할 때 그녀는 미모와 지식을 모두 가지고 있었다.

자라면서 우리 식구는 나와 다섯 여자뿐이었다. 자매들과 함께, 남편 없는 우리 어머니가 계셨고, 우리에게 헌신하시는 할머니가 계셨다. 그들 모두 각자의 스타일이 있었고 그것을 표현하기를 주저하지 않았다. 아주 어린 나이부터 어머니는 머리를 기르고 드레스를 깁으라고 하셨다. 아마 당신은 내가 패션과 미용 사업을 할 운명이라는 것을 알고 계셨던 것 같다. 엄마와 할머니와 함께 (어떤 때는 일주일에 한 번) 미용실에 가서 같이 머리를 손질하고 꾸미는 것을 좋아했다.

내가 어렸을 때 가장 좋아했던 기억 중 하나는 할머니께서 화장을 하시는 것을 무척 주의 깊게 보는 것이었다. 할머니의 눈썹은 언제나 너무 진했고 약간 비뚤었다. 나는 과한 장밋빛 볼과 무광택의 “솜사탕” 빛의 분홍 립스틱을 기억한다.

“Nonna”는 매일 꼬박꼬박 화장을 충실히 했다. 나는 할머니께서 화장을 하지 않고 밖에 나가시는 것을 본 적이 없다. 또 다른 기억은 70년대 초에 데이트 나가시는 것처럼 준비하시는 어머니에 대한 것이다. 그 당시에는 아래 속눈썹에 마스카라를 하는 것이 최신 유행이었는데, 그때 어머니가 마스카라를 처음 바르면서 집중하시던 표정을 기억한다. 어머니의 모습은 약간 덥수룩하게 무언가를 뒤집어쓴 것 같았지만 나는 물론 엄마가 멋지다고 생각했다.

그리고 우리 형제들이 있었다. 그들은 나이가 들면서 가끔 머리 손질과 화장법을 시험해 볼 수 있는 연습 상대가 되어 주었다. 우리가 어릴 때 어머니께선 남자 애들은 머리를 만지거나 얼굴에 그림 그리는 것을 해서는 안 된다고 하셔서 그다지 그럴 기회가 없었다. 난 아직도 내 (쌍둥이인) 여동생을 꾸며준 일을 기억한다. 나는 그들의 쇼핑에서부터 시작해서 특별한 밤을 위한 머리 손질과 화장을 해주었다. 나는 언제나 상대방을 변신시키는 것을 좋아했다.

교육과 지식이 있기에, 이 책에 쌓인 정보가 당신을 격려하고, 당신의 자신감을 북돋으며, 당신의 진실한 아름다움을 표현하는데 도움이 되기를 바란다.

이 책을 통하여 나는 당신에게 이렇게 이야기 하고 싶다 : 미는 화장뿐만이 아니다. 미는 자신감, 개성, 그리고 자신 내부의 아름다움을 표현하려는 의욕이 있어야 한다. 이것은 당신을 진정으로 매력 있는 여성으로 만들어준다. 미소와 자신만의 스타일을 함께 한다면 당신은 내면과 외면이 모두 완벽한 아름다움을 이룰 것이다.

self-confidence is the most important element of true beauty.
자신감은 진정한 미를 표현하는데 있어 가장 중요한 것이다.
_robert jones

wedding makeup | 웨딩 메이크업

introduction

I know you're excited and ready to experiment with new colors to find the perfect look for your wedding. My makeup tips are intended to make you feel beautiful and confident for one of the most special days of your life.

I also want to emphasize how important it is to remember that makeup is meant to be beautiful, and beautiful makeup is all about the colors you use and where you place them. Makeup should be used to accentuate and highlight your best features-not to cover up or disguise you. Instead of focusing on your flaws, learn how to focus on your best, most beautiful features.

Despite what the magazines show you, there is no such thing as a naturally perfect face. Every face has its own unique features, and the sooner you discover and celebrate yours, the happier and more confident you'll be as you walk down the aisle toward your new life. Just remember, every woman is beautiful!

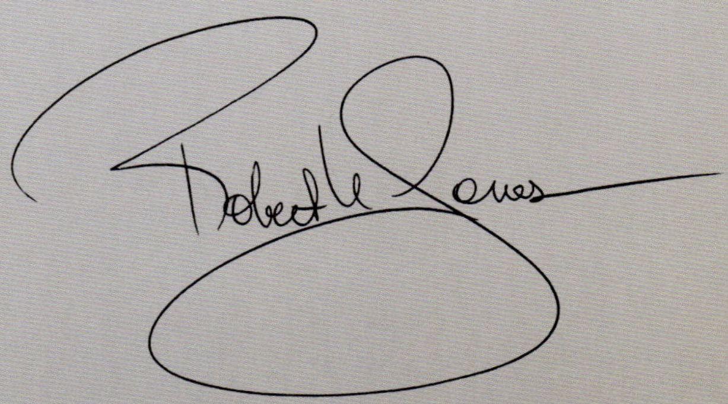

chapter 1 introduction to bridal beauty

신부의 아름다움에 대한 소개

결혼식은 특별하고 즐거운 날이다. 이 날은 신부 인생의 미래를 시작하는 날이다. 신부는 사랑하는 사람과 결혼을 하고 영원히 함께하기를 꿈꾼다. 나는 그의 생애에서 가장 특별한 결혼식 에서 그를 꾸며주는 것을 도와주고 싶다.

여성들이 자신의 결혼식 날 가장 아름답게 보이게 하는 것을 도와주는 것을 즐겨왔다. 내가 그녀들을 가장 아름답다고 생각하는 것은 그녀들이 패션 모델이나 유명 배우(비록 내가 그녀들에게 한 메이크업이 이들에게 사용했던 것이기도 했지만)였기 때문이 아니라 그들이 사랑의 빛을 발하고 미래를 위한 멋진 계획을 가지고 있기 때문이다. 신부는 메이크업 아티스트가 가장 아름다운 여자로 만들어줄 수 있다고 느낀다. 그런데 우선 여기서 우리는 무엇이 가장 진정한 아름다움인지에 관해 간단히 논의해 볼 필요가 있다.

진정한 아름다움이란 완벽한 아름다움을 위해 이상적으로 만들어진 것이 아니라 자기 자신을 사랑하는 자신감을 의미한다. 진정한 아름다움은 자신의 눈에서 표출되고 얼굴에 나타난 특성으로 표현된다. 이것은 당신 내부 그리고 당신 이면의 아름다움과 자신감으로부터 끄집어낼 수 있다.

나는 모든 여성이 아름답다고 생각한다. 그리고 이것은 그녀 자신의 진정한 아름다움을 발견해내는 문제이다. 만약 그녀가 자신을 가장 아름답다고 생각한다면 그녀는 가장 아름답다고 느낄 수 있다는 것이 증명되어왔다. 이 책은 신부를 어떻게 가장 아름답게 보는지에 관한 책이다.

taking your time

나만의 시간을 가져라.

결혼 예식을 준비할 때 대부분의 여성들이 많은 시간을 들여 드레스를 고르는데 소비한다. 그리고 슈즈를 고르는데 또 몇 주가 걸린다. 그리고 결혼 예식 의상을 고르는데 많은 시간이 허비된다. 결혼식에 대한 기대감이 결혼식 그 자체 만큼 재미있다.

신부가 자신이 원하는 웨딩 드레스를 찾았을 때 기다리던 꿈이 이미 이루어졌다고 생각하지는 않는다. 그런데 이것이 많은 여성들이 결혼식과 리셉션에서 그들의 메이크업을 계획하는데 있어서 많은 여성들이 하는 행동이다.

나는 당신이 그녀들 중 한 명이 아니기를 바란다. 신부는 그날을 위해 준비하고 준비되어야 한다. 결혼식 전에 완벽한 메이크업을 찾는 것은 중요하다. 신부는 완전히 새로운 것을 시도할 필요가 없고 메이크업을 정교하게 다듬어야 하며 메이크업을 받는 연습을 해야 한다. 메이크업에서 가장 놀라운 것은 깨끗이 지우고 나면 자유롭다는 것이다! 만약 그 메이크업을 원하지 않으면 언제든 지우고 다시 시작할 수 있다.

운이 좋게도, 당신은 밑바탕부터 시작할 필요는 없다. 당신은 전문가의 도움을 요청할 만큼 영리하니까. 내 조언과 이 책의 정보를 모두 읽고 당신 자신이 가장 놀라운 모습으로 변할 수 있도록 도와주겠다. 나는 당신이 당신의 가장 특별한 날을 위해 나를 선택해 준 것에 대해 정말 신이 난다!

chapter 2 | Perfect Timing
시간에 맞는 메이크업

결혼 예식 시간은 메이크업을 선택하는 데 영향을 준다. 오전 결혼식은 좀 더 자연스럽게 저녁 세레머니는 좀 더 드라마틱한 메이크업으로 다양화한다. 하루 동안의 햇빛의 변화가 사진에 비친 메이크업 방법에 영향을 미친다. 사진 기사가 촬영할 때 사용하는 빛의 종류도 영향을 줄 수 있다.

신부를 하루 중 결혼하는 시간에 따라서 네 가지 카테고리로 나눈다 : 오전, 한낮, 늦은 오후 그리고 저녁. 각기 다른 시간 선택으로 시술자가 고려하여야 할 몇 가지 세부 사항이 있다. 이들 세부 사항에 주의를 기울임으로써 신부 메이크업과 결혼 사진에 도움을 받을 수 있다.

오전의 신부 메이크업 Morning bride

오전 결혼식 메이크업을 할 경우에는 부드러운 아침 빛에 화사하게 보이도록 부드럽게 해야 한다.

아침은 자연스러운 소녀에게 완벽하게 어울린다. 왜냐하면 이때는 하루 중 신부가 가장 최소한의 메이크업을 해야 할 때이기 때문이다. 대부분 아침에 결혼하는 신부들이 야외에서 이벤트를 하는 경우가 많거나 최소한 야외 촬영과 신부 촬영을 많이 한다는 것을 발견했다. 그들이 실내에서 결혼식을 한다고 하더라도 사진사들은 사진사들의 인공조명보다는 창문 사이로 들어오는 아침 햇살을 이용할 것이다.

매트한 파운데이션은 항상 사진상에 피부를 창백하게 보이게 한다. 아침의 신부는 살짝 빛나고 촉촉한 파운데이션을 선택한다. 하루 종일 지속되어 피부가 좋아 보이고, 동일한 톤으로 보이게 한다. 완벽한 메이크업을 위한 좋은 방법이다.

신부의 피부에 트러블이나 문제가 있다면 파운데이션과 컨실러를 사용한다.

파우더를 얼굴에 살짝 발라 자연스러운 모습을 유지한다. 신부의 피부가 매트하기를 원한다고 파우더를 두껍게 바르면 인위적으로 보일 수 있어 두껍게 바르는 것을 피한다.

오전 결혼식에는 진한 아이섀도 컬러를 사용해서는 안된다. 따뜻하고 부드러운 피부 표현으로 눈의 컬러를 완성한다.

아침 야외 신부 메이크업시에는 최소한에 아이섀도를 사용하여야 한다. 아침 햇살이 두껍고 진한 색조 컬러를 강조하게 되기 때문이다.

속눈썹 라인이 돋보이도록 잘 정돈되어 있어야 하며 마스카라를 정교하게 발라야 한다.

아이라이너를 바를 필요는 없지만 원한다면 속눈썹에 가깝게 너무 진한 색은 피하여 부드럽고 표시 안나게 발라야 한다.

진한 립 컬러는 사진에 입술이 너무 돋보이므로 부드럽고 자연스럽게 해야 한다.

사진상에는 실제 눈에 보이는 것보다 어두워 보인다. 왜냐하면 빛이 은은하기 때문에 피부 표현은 좀 더 부드럽고 투명하며 약간 밝게 하여야 한다.

들러리는 부드러운 컬러의 드레스, 메이크업 역시 부드러운 피부 표현을 해준다.

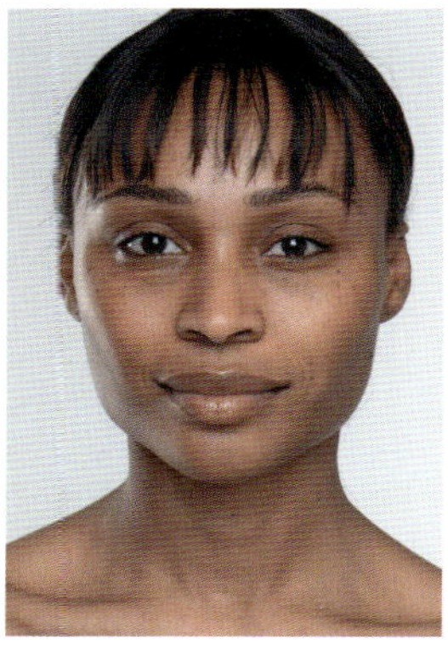

한낮의 신부 Midday bride

한낮에 야외 결혼식을 계획하고 있다면 태양이 신부의 얼굴을 밝게 하므로 메이크업시 피부 표현을 피부 톤에 맞춰 자연스럽게 한다. 자연광은 빛이 강하고 신부를 곧바로 내리쬐기 때문에 '사진을 잘 받기 위해서'는 아래 단계를 따라야 한다.

빛이 나거나 촉촉한 파운데이션을 바르면 사진 상에는 너무 빛나 보일 것이다. 한낮에는 가능한 최소한의 파운데이션을 발라야 그 부분이 가장 적게 빛나 보인다. 가벼운 파운데이션과 매트한 파우더가 사진상에는 가장 아름답게 보인다.

피부 표현은 브러시로 매트하게 마무리해준다. 만약 반짝임이 너무 많으면 사진상에 빛이 많이 나게 된다.

한낮 메이크업시에는 크림 블러셔를 사용하여 피부에 밀착시켜 더욱 자연스럽게 보이게한다. 하지만 지성 피부에는 크림 블러셔가 적당하지 않으며, 스틱과 파우더 블러셔를 사용해야 한다.

아이 메이크업이 너무 진하면 한낮의 빛 때문에 사진상 눈이 너무 다크 홀처럼 보일 수 있다. 이 시간에는 피부가 밝아 보이기 때문에 섀도의 선택이 중요하다. 눈을 크게 떠 보이게 하도록 하이라이트 쉬머를 사용한다. 쉬머의 빛 반사 분자들이 "블랙 홀 효과"를 막아주는데 도움이 될 것이다. 피부 표현이 미드톤(mid-tone) 혹은 컨투어(contour)톤으로 매트하게 마무리한다. 너무 밝은 시머를 사용하면 사진상 눈이 너무 밝아 보이므로 주의한다.

아이라이너는 가능한 속눈썹 라인에 가장 근접하게 그리도록 한다. 너무 두껍게 그리면 원하는 것보다 눈꺼풀이 더 어두워져서 블랙 홀 효과를 만들어 내게 된다.

길고 아름다운 속눈썹은 두꺼운 아이라이너 없이도 정돈된 눈을 만들어 주는데 도움이 된다. 마스카라를 바른후, 인조 속눈썹을 붙여 마무리 해준다.

한낮이 되면 태양빛은 더 강해지고 모든 메이크업 라인은 더욱 눈에 띄게 된다. 파운데이션, 블러셔, 섀도, 파우더가 잘 발라졌는지를 확인해 준다. 하루 중 이때에는 많이 펴 발라도 좋다.

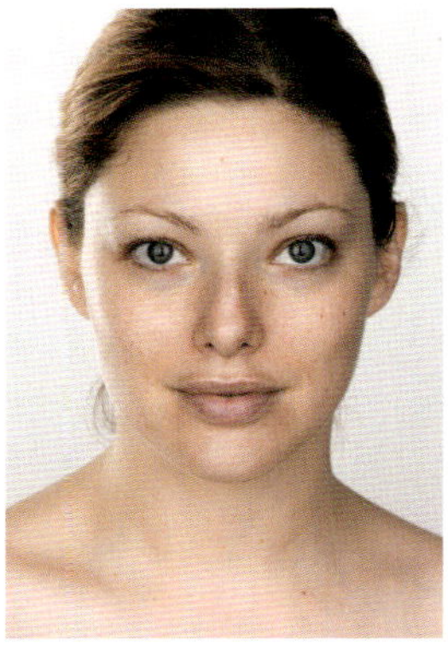

늦은 오후의 신부 Late-afternoon bride

늦은 오후는 하늘의 태양이 지기 시작하는 때로 아름답고 따뜻한 빛을 만들어내 신부를 사진 찍기에 가장 아름다운 빛이다. 빛이 너무 아름답고 은은하기 때문에 신부의 메이크업에 좀 더 연출적인 모습을 가미할 수 있고 더 많은 아이섀도와 더 많은 피부 표현을 할 수 있다.

피부가 완벽하지 않다면 늦은 오후는 결혼하기에 아주 적절한 시간이다. 빛이 부드럽고 원만해지기 때문에 피부의 결점을 커버하기 위해 좀 더 많은 파운데이션과 컨실러를 사용하여 사진상 완벽하고 자연스러워 보이도록 할 수 있다. 매트한 피부가 번질거리는 피부보다 훨씬 사진을 잘 받아 파우더로 꼭 마무리를 해준다.

저녁 시간에는 플래시를 사용하므로 얼굴에 더 많은 컬러를 발라주어야 한다. 플래시가 얼굴에 밝은 빛을 발하여 얼굴에 얼룩지는 느낌이 나기 때문이다. 저녁에는 볼에 부드럽게 컬러를 가미해주면 사진이 생기 있고 잘 연출할 수 있다. 사진상 신부의 얼굴이 너무 창백하거나 지워진 것처럼 보이게 않게 얼굴 윤곽을 입체적으로 골고루 펴 발라준다.

매트한 피부 표현으로 마무리하는 것이 좀 더 완벽해보이지만 희미하게 반짝이게 보이는 게 조명에 더 아름다워 보이기 때문이다.

광택이 없는 아이섀도는 하루 중 이 시간대에 가장 아름다워 보인다. 왜냐하면, 이때에 모든 빛에 사진이 잘 받기 때문이다. 피부 표현이 미드톤 컨투어 매트한 마무리로 해주어야 한다. 사진상 눈이 너무 빛나 보이게 하지 않으려면 밝은 색상의 피부 표현은 피해준다.

좀 더 글래머하게 보이고 싶다면 인조 눈썹을 붙여준다. 인조 속눈썹을 사용하여 신부의 속눈썹이 정돈되어 보인다. 만약 인조 속눈썹을 붙이고 싶지 않다면 마스카라를 최대한 정교하게 발라준다.

늦은 오후의 신부는 풍부한 립 컬러를 발라도 된다. 이 때의 빛은 사진상 당신 입술이 너무 강조되지 않게 하므로 더 풍부한 컬러를 바를 수 있다.

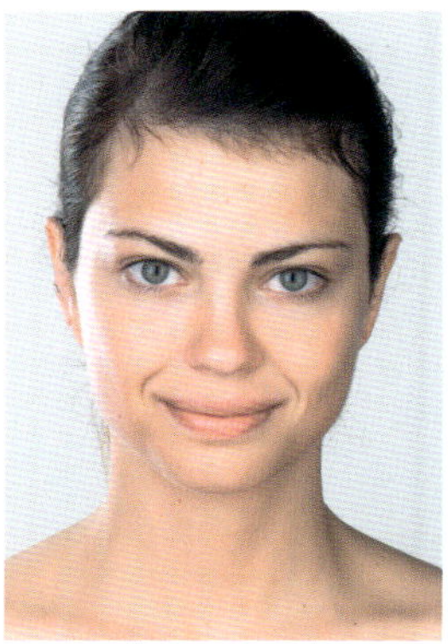

저녁의 신부 Evening bride

신부가 화려하고 빛나고 싶다면 저녁 결혼식은 더 드라마틱한 메이크업을 연출할 수 있다.

그 어떤 시간보다 더 많은 컬러와 메이크업을 해도 사진은 잘 받는다. 하루 중 저녁은 신부가 가장 클래머 퀸으로 보이게 해준다. 사진 찍을 때마다 뿜어져 나오는 플래시가 당신이 선택한 메이크업의 차이를 더 명확하게 해 준다.

완벽한 피부를 가지고 있지 않으면 저녁 시간대가 예식하기 좋은 시간이다. 파운데이션과 파우더를 많이 발라도 자연스러워 보인다.

피부에 빛을 주기 위해 부드럽게 피부 표현을 해야 한다. 얼굴의 파운데이션을 조금씩 골고루 표현하는 것이 좋다. 이렇게 하면 컬러를 더해줘서 플래시를 사용하면 피부를 닦아낸 듯한 느낌이 없어지고 얼굴을 작아 보이게 한다.

입술에서 눈, 볼까지 정교하게 메이크업을 해준다. 왜냐하면 모든 사진이 플래시로 찍히기 때문에 얼굴이 닦여져 보이기 때문이다. 예를 들어 어떤 여성은 평상시에 블러셔를 하지 않는다면 플래시를 사용할 경우에는 볼에 약간의 컬러를 해줄 필요가 있다. 입술에는 라인은 정교하게 그려주어 윤곽 라인을 그려준다. 특히 눈썹이 자연스러운 경우 평상시 눈썹 컬러를 그리지 않았던 사람도 사진 상 눈썹을 나타내주기 위해 눈썹에 약간 색을 더해준다

쉬머리 아이섀도는 저녁 사진에 좋다. 그러나 광택이 없는 프로스트(frosted) 섀도는 밤중 시간에는 피하여야 된다. 광택이 없는 아이섀도는 플래시를 쓰면 사진 상에서 눈만 너무 빛나 보인다. 단지 밝게 피부 표현을 할 경우 최소한 하나정도 매트하게 표현해주어야 한다. 모두 너무 밝게 표현하면 눈이 사진 상 너무 빛나게 된다.

인조 속눈썹은 눈이 잘 정돈되어 보이기 때문에 저녁 시간 결혼식에 가장 적합하다. 모든 사진이 플래시로 찍힌다는 것을 기억하고 속눈썹 라인을 잘 정돈하여 사진을 더 잘 받게 하라. 신부가 인조 속눈썹을 붙이고 싶지 않을 경우 최대한의 길이와 볼륨을 만들어 마스카라를 해준다.

만약 스모키 아이 메이크업을 하고 싶다면 저녁 시간이 스모키 아이섀도의 표현 방법이 가장 좋은 시간이다. 단, 스모키 아이를 할 경우 립 컬러는 부드러운 것으로 해야 잘 어울린다.

chapter 3 | create your look
당신의 룩을 만들어내기

이 날은 모든 것이 신부를 어떻게 아름답게 만드는 날이므로 나는 신부를 위해 완벽한 메이크업을 만들도록 도와주고 싶다. 신부의 결혼식 날 스포트라이트를 받는 가장 중요한 부분이 바로 신부의 눈이다. 눈은 신부의 영혼의 창문이다. 잘 정돈된 아름다운 눈은 항상 사진상에 아름답게 보여진다! 여기 신부에게 맞는 완벽한 아이 메이크업을 만들 수 있는 몇 가지 메이크업을 소개한다. 또한 각각의 메이크업을 완성하기 위해 블러셔와 립스틱을 소개한다. 항상 그렇듯 이런 메이크업을 시험해보고 당신의 결혼식 날 전에 길게 즐겨 보아라. 하나를 시도해도 좋고 모두 다 시도해보아도 좋으며 신부가 가장 좋아하는 한가지를 선택하라.

내추럴 아이 메이크업 Natural beauty

아이섀도는 사람 눈의 컬러를 돋보이게 할 수 있는 가장 좋은 방법으로 눈을 정교하게 보이도록 해준다. 단순히 자연스러운 아름다움을 강조하고 싶다면 이 방법이 적합할 것이다. 아이섀도의 컬러를 어떻게 선택하느냐에 따라 부드럽고 자연스럽게 신부의 모든 것을 가장 드라마틱하게 표현할 수 있다. 아이섀도를 올바르게 바르기 위해 가장 염두해 두어야 할 것은 모델의 눈꺼풀 모양을 만들고 아름답게 해줄 방법을 따르기만 하면 된다. 눈 모양을 만들기 위해서는 세 가지 타입의 아이섀도를 쓴다. 하이라이트, 미드톤 그리고 컨투어, 원하고자 하는 효과에 따라 아이섀도를 고르는 방법에는 많은 차이가 있다. 부드럽고 자연스러운 메이크업을 원한다면 미드톤을 선택하고 좀 더 드라마틱한 메이크업을 원하면 컬러를 더 깊고 풍부하게 해줄 컨투어 타입을 선택하라.

Application:

1. **하이라이트 섀도(highlight shade):** 눈썹뼈, 눈꺼풀 아래 속눈썹 라인 안쪽 코너에 바른다.

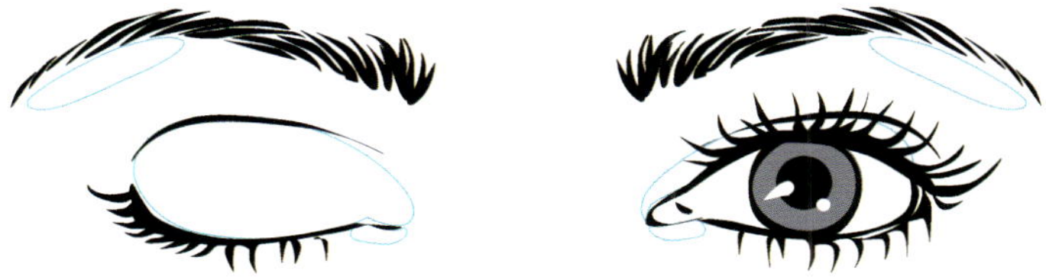

2. **미드톤 섀도(midtone shade):** 눈꺼풀 바깥쪽 코너에서 시작하여 (브러시를 가장 먼저 데는 곳에 가장 짙은 컬러가 발라지게 되므로) 쌍꺼풀과 눈꺼풀 안쪽 코너로 브러시 한다. 그리고 아래쪽 속눈썹 라인을 따라 코너 바깥쪽에서 시작하여 안쪽으로 으로 한 번 더 브러시한다. 그렇게 하면 가장 강조되는 컬러는 바깥쪽에 있고 안쪽으로 갈수록 그러데이션 효과가 난다. 이렇게 함으로써 섬세한 입체감을 표현할 수 있다.

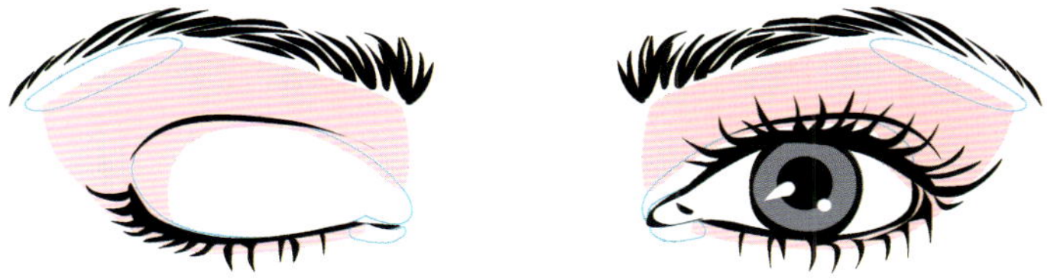

3. **컨투어 섀도(contour shade):** 위쪽 속눈썹라인 바깥쪽에서 안쪽 코너로 바른다. 그리고 컬러를 쌍꺼풀 바깥쪽 부분에 바르고 삼분의 일 정도까지 안쪽으로 발라 미드톤 위로 겹치도록 한다. 부드럽게 발라진 컬러를 만들기 위해 아래 속눈썹 아래쪽에도 컬러를 바른다.

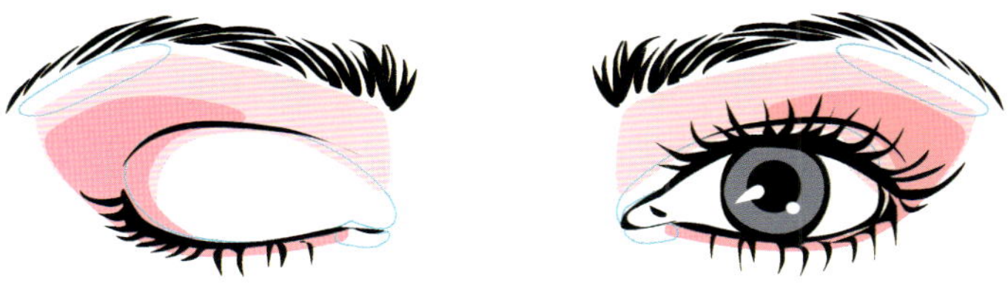

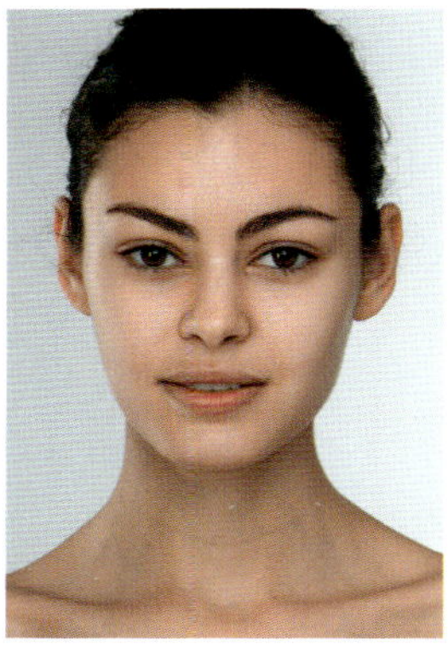

이런 메이크업을 하는 데에는 당신이 선택한 아이섀도의 강도에 따라 다양한 블러셔와 립 컬러를 선택할 수 있다. 예를 들어 다크 아이섀도 컬러를 선택했다면 부드럽고 섬세한 립과 블러셔 컬러를 선택하도록 한다. 그리고 부드럽고 자연스러운 아이섀도 컬러를 선택했다면 약간 강한 립과 블러셔 컬러를 선택하라.

클래식 아이 메이크업 Audrey hepburn eye, classic eye

매우 섬세한 신부를 만들기 위해서는 오드리 헵번 아이 메이크업 방법이 신부를 가장 아름답게 표현해준다. 이 메이크업은 티파니에서 아침을에 나온 오드리 헵번을 현대로 가져와 항상 아름다고 섬세한 느낌이 들게 해야 한다. 메이크업의 클래식 버전은 아래 속눈썹 라인에 아무 컬러도 바르지 않는 것이다. 하지만 현대 버전에서는 당신의 미드톤 아이섀도를 사용해서 더 정교하게 보이도록 해준다.

Application:

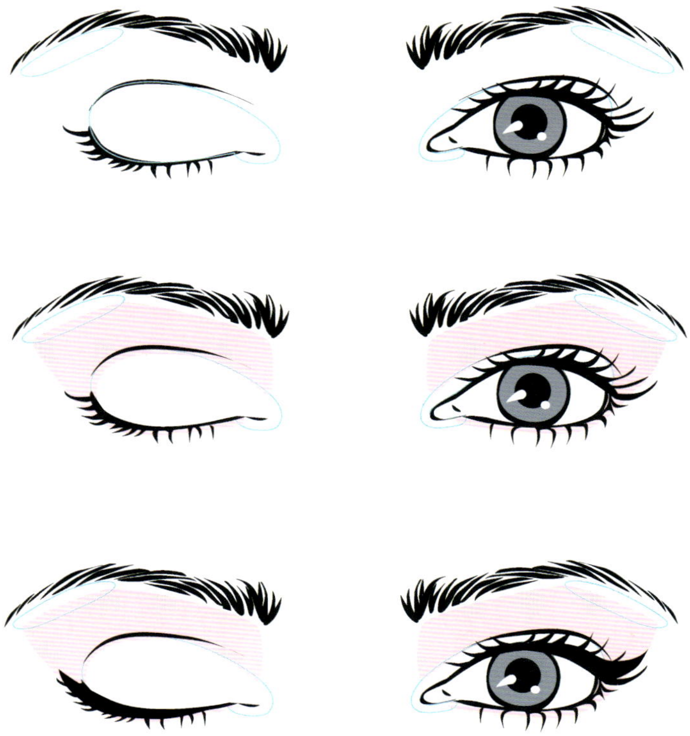

1. **하이라이트 섀도(highlight shade):** 눈썹뼈와 눈꺼풀에 바른다. 드라마틱해지도록 아래쪽 속눈썹 라인 아래쪽 코너안에 하이라이트를 준다(컬러를 눈의 안쪽 코너 주변에 감싸준다.)

2. **미드톤 섀도(midtone shade):** 쌍꺼풀에서 시작하여 미드톤 컬러를 바깥쪽에서 눈 안쪽 코너에 바른다. 같은 컬러를 아래쪽 속눈썹라인 아래에도 바른다.

3. **아이라이너:** 아이라이너 펜슬로 우선 신부의 패턴(완벽한 라인)을 위해 위 눈꺼풀에 라인을 그린다. 눈의 안쪽 코너에서 시작하여 라이너를 바깥쪽 코너로 끝을 올려 그린다. 라인이 바깥쪽 코너로 갈수록 가늘어지다가 굵어지도록 하라. 다음 블랙 섀도와 아이라이너 브러시로 펜슬을 가늘게 하여 완벽한 모양을 만들어준다. 그리고 그 라인에 리퀴드 아이라이너를 그려준다. 처음에 완벽한 패턴을 만들어 준 후 리퀴드 라이너를 그 위에 바른다. 만약 라인이 완벽하지 않다고 해도 이미 펜슬과 파우더로 완벽한 라인을 그려 놓았기 때문에 걱정할 필요는 없다.

4. 메이크업을 마무리 하기 위해 인조 속눈썹을 붙여 메이크업을 마무리한다.

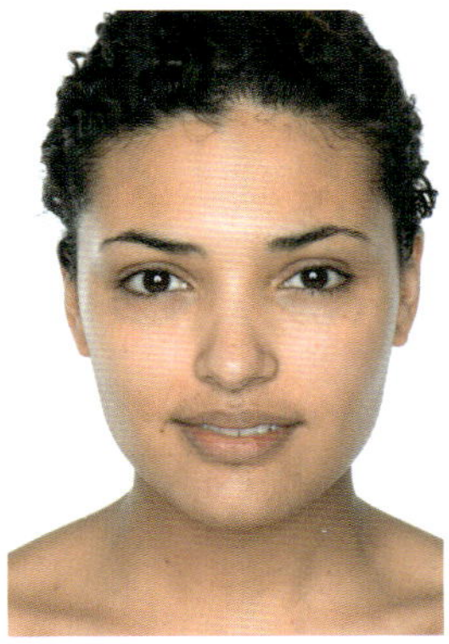

아이 메이크업 스타일 하기 위해 블러셔를 선택할 때 클래식 메이크업이라는 것을 명심하면 된다. 그래서 너무 강하거나 눈에 파우더를 과다하게 바르지 않도록 한다. 블러셔와는 다르게 입술은 아이 컬러보다는 좀 더 강하게 표현해 준다. 그럼 부드럽고 아름다워 보이며 약간 강한 립 컬러는 더 정교해 보인다.

스모키 아이 메이크업 Smoky eye

결혼식에 좀 더 드라마틱함을 원하는 여성에게 알맞은 메이크업이다. 이 테크닉으로 섹시하고 스모키한 눈을 만들어낼 수 있다. 비록 이것이 정말 드라마틱한 메이크업이지만 신부의 아이섀도의 컬러를 선택하여 드라마틱함을 조절할 수 있다. 좀더 밝은 컬러를 선택하여 미묘한 효과를 창조해내거나 어두운 컬러로 드라마틱함을 최대화할 수도 있다. 아이섀도 컬러 선택이 어떻든 간에 스모키 아이 메이크업이 신부의 눈을 정교하게 만들어주고 멋진 사진을 연출할 수 있다.

Application:

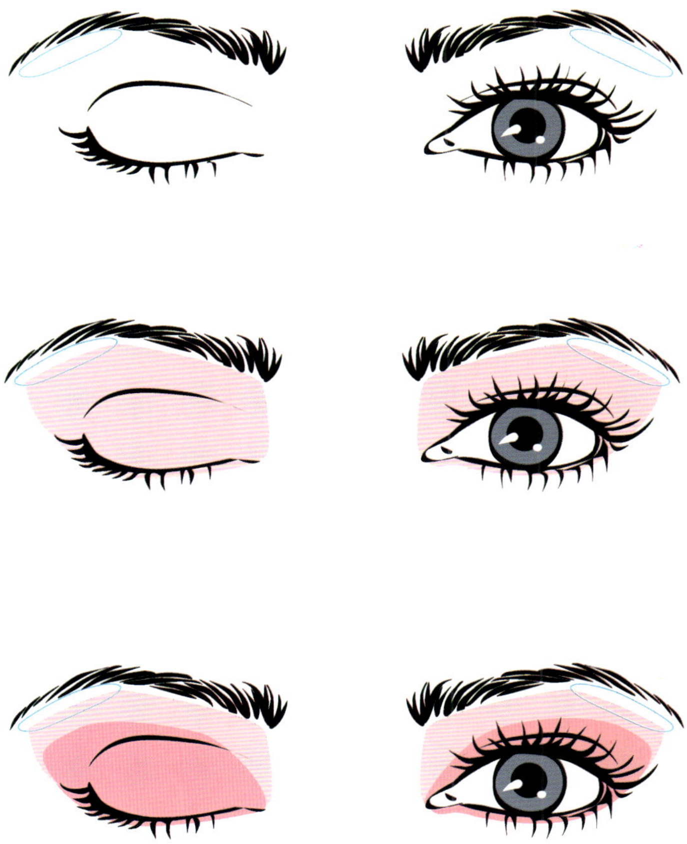

1. **하이라이트 섀도(highlight shade):** 눈썹뼈에만 바른다.

2. **미드톤 섀도(midtone shade):** 미드톤 섀도는 위쪽 속눈썹 라인 바탕에서 시작하여 전체 눈꺼풀 위쪽으로 발라준다. 눈썹뼈 있는 부분까지 바르고 난 후 아래쪽 속눈썹 라인에도 바르면 정교하게 보인다.

3. **컨투어 섀도(contour shade):** 속눈썹 라인 아래에서 시작해서 컬러를 아이 홀 부분까지 단계적으로 펴 준다. 그리고 난 후 컨투어 컬러를 아래 속눈썹(언더라인)에도 발라준다. 가장 어두운 컬러를 속눈썹에서 가장 가까운 부분에 칠하고 눈썹 쪽으로 갈수록 단계적으로 흐려지게 하면 세 가지 아이섀도로 그러데이션 효과를 만들어 줄 수 있다.

4. 스모키 메이크업에서는 눈 전체 위 아래쪽 속눈썹 라인을 따라 라인을 그려주도록 한다.

스모키 아이 메이크업으로 신부의 눈은 완벽하게 포커스를 받을 수 있다. 부드럽고 아름답게 빛나는 볼이 가장 잘 어울린다. 컬러는 부드럽고 빛나는 컬러로 눈을 강조하게 할 수 있다. 만약 깊고 풍부한 아이섀도 컬러를 선택했다면 매우 부드러운 립 컬러를 바른다. 신부는 눈과 입술 둘 다 어둡게 하기를 원하지 않을 것이다. 입술은 가능한 한 미묘하게 누드 톤에 가깝게 하는 것이 가장 좋다. 부드럽고 아름다운 립글로스를 바른다면 메이크업에서 가장 판타스틱해 보일 것이다. 부드러운 립 글로스 컬러는 주의 시선을 끌기 위해 눈 컬러와 언밸런스나지 않도록 너무 강한 것은 피한다.

스파클링 아이 메이크업 Sparkling eye

신부의 눈에 별을 달아 상큼하게 빛나는 메이크업을 표현해 준다. 눈이 빛나고 반짝이게 하는 것만큼 아름다워 보이는 것은 없다. 이 메이크업의 핵심은 눈에만 빛과 스파클을 만들어내는 것이다. 이렇게 하기 위해서 얼굴의 다른 부분은 덜 빛나도록 하고 피부는 매트하면서 블러셔는 빛나서는 안 된다. 그리고 입술은 너무 번들거리지 않게 하고 피부 표현은 하이라이트 섀도를 이용하여 반짝임을 유지한다.

Application:

1. **하이라이트 섀도(highlight shade):** 불꽃이 반짝이는 듯한 하이라이트를 눈썹뼈와 눈꺼풀에 발라준다. 눈머리 안쪽 코너 "V"에 하이라이트를 주어 쉬머와 스핑클을 강조한다.(컬러를 코너 안쪽으로 감싼다).

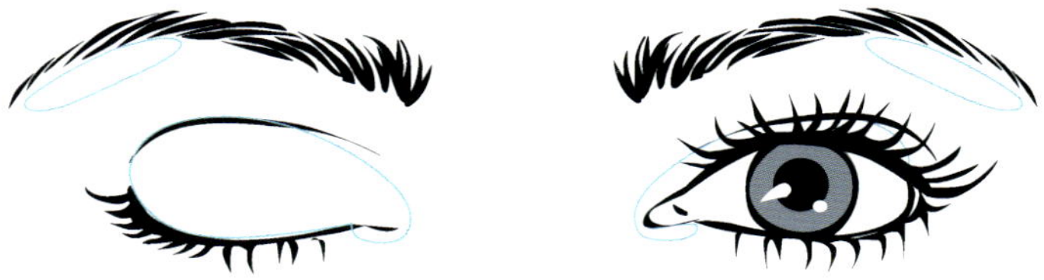

2. **미드톤 섀도(midtone shade):** 쌍꺼풀 코너 바깥쪽에서 시작하여 컬러를 눈 안쪽 코너로 바른다. 그리고 아래 속눈썹 코너에 발라준다. 다시 한 번 바깥쪽 코너에서부터 안쪽으로 브러시 해준다. 그리고 바깥쪽에 가장 짙은 컬러를 주고 안쪽 코너로 그러데이션하여 줌으로써 아름다움을 더해 줄 수 있다. 이때에 피부는 반드시 매트해야 한다.

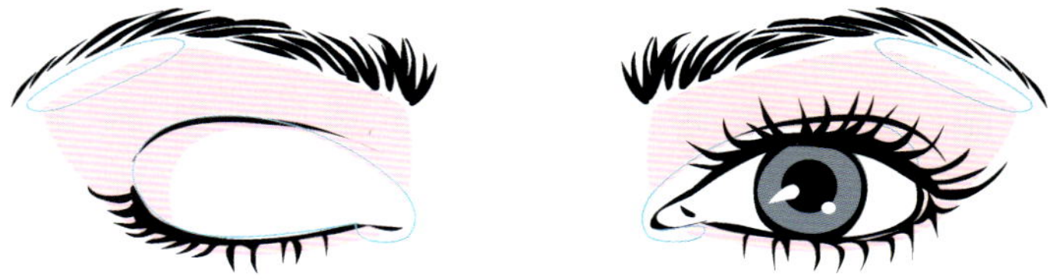

3. **컨투어 섀도(contour shade):** 컬러를 위 속눈썹 라인에서 쌍꺼풀까지 바른다. 그리고 미드톤에 겹치게 한다. 아래 속눈썹 언더라인을 따라 눈 아래쪽에 매트하게 바른다.

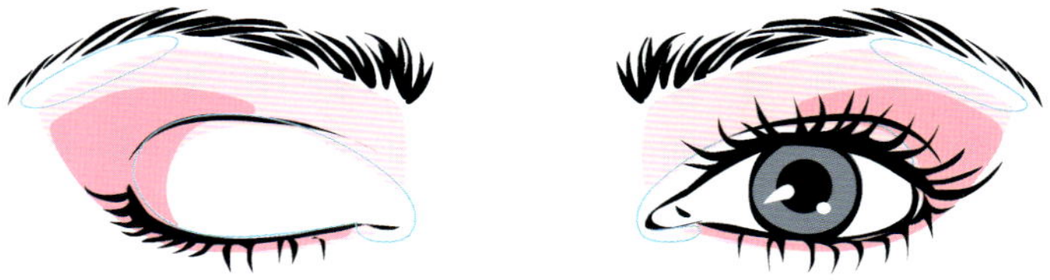

블러셔와 입술 컬러를 선택할 때에 메이크업을 끝낸 눈보다 더 강조하지 않게 하여야 한다. 볼에 시머 블러셔는 사용하지 말고 부드럽고 미묘한 컬러로 볼에 빛을 주도록 하라. 만약 원한다면 립글로스를 발라도 좋지만 입술을 너무 강조해서는 안 된다.

chapter 4 | bridal inspiration
신부의 영감

4장에서는 메이크업이 아름다운 신부를 만들기 위해 어떤 역할을 하는지 전 후 사진을 모아 보았다. 내가 하루 중 어떤 시간에 사진이 가장 아름답게 찍히도록 각각의 메이크업에 사용한 아이섀도 적용법을 목록화 했다. 또한 사용한 블러셔 립스틱 컬러도 적어 두었다. 이 모든 정보로 웨딩 메이크업을 시술하는데 큰 도움이 될 것을 확신한다. 결혼식 전에 여러 가지 패턴의 메이크업을 시도해보아 그 동안 발견하지 못한 무언가를 찾도록 노력하라.

Natural beauty

결혼식 시간 : 아침/한낮/늦은 오후/저녁
아이 메이크업 : 내추럴(페이지 191)
아 이 섀 도 : 하이라이트 : 반짝이는 베이지
미드톤 : 무광택 회갈색
컨투어 : 반짝이는 핑크 브라운
아이라이너 : 회갈색
블 러 셔 : 짙은 브라운
립 라 이 너 : 살색
립 스 틱 : 핑크빛 살색
립 글 로 스 : 크림빛 살색
model : nonna

조언

내추럴 메이크업은 하루 중 어느 자연스럽고 잘 어울린다. 왜냐하면 섬세하면서도 아름답게 모든 특징을 잘 표현해주기 때문이다. 굵고 어두운 긴 속눈썹으로 눈을 정교화하게 메이크업을 하였다. 섬세하고 미묘한 립 컬러와 블러셔 컬러로 전체적 조화와 아름다움을 자연스럽게 메이크업 하였다.

Smoky eye

결혼식 시간 : 늦은 오후/저녁
아이 메이크업 : 스모키 아이(페이지 195)
아 이 섀 도 : 하이라이트 : 빛나는 골드
미드톤 : 광택이 없는 연한 갈색
컨투어 : 반짝이는 자주색
아이라이너 : 짙은 갈색
블 러 셔 : 짙은 브라운
립 라이너 : 따뜻해 보이는 갈색
립 스 틱 : 부드러운 복숭아색
립 글로스 : 반짝이는 산호색
model : eleanor

조언

신부에게 저녁 결혼식에서 스모키 아이를 하도록 권유한다. 부드러운 아이섀도를 사용하였기에 늦은 오후 결혼식에도 이 스모키 메이크업을 할 수 있다. 섬세한 립 컬러가 최선의 선택이라는 것을 명심하라.

Natural beauty

결혼식 시간 : 아침/한낮/늦은 오후/저녁

아이 메이크업 : 내추럴(페이지 191)

아 이 섀 도 : 하이라이트 : 반짝이는 산호색
미드톤 : 광택이 없는 황갈색
컨투어 : 반짝이는 초콜릿색

아이라이너 : 진한 갈색

블 러 셔 : 진한 적갈색

립 라 이 너 : 따뜻해 보이는 갈색

립 스 틱 : 금빛 살색

립 글 로 스 : 반짝이는 브론즈

m o d e l : cynthisa

조언

메이크업은 너무 자연스러워 모든 특징을 정교화하기 때문에 하루 중 어느 때건 완벽하게 보일 수 있다. 이렇게 융통적일 수 있는 이유는 선택한 컬러가 미묘하고 자연스럽지만 신부의 필요에 따라 정교함을 더해 저녁 결혼식에도 적합하다는 것이다.

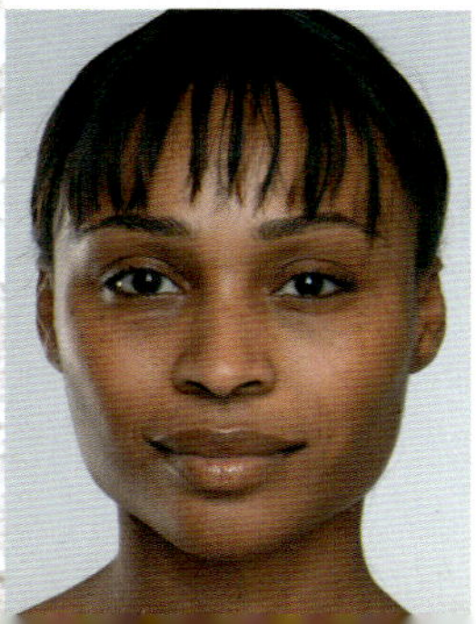

Natural beauty

결혼식 시간 : 늦은 오후/저녁
아이 메이크업 : 내추럴(페이지 191)
아 이 섀 도 : 하이라이트 : 반짝이는 살색
미드톤 : 광택이 없는 회갈색
컨투어 : 광택이 없는 짙은 회갈색
아이라이너 : 회갈색
블 러 셔 : 짙은 브라운
립 라이너 : 자주색
립 스 틱 : 짙은 포도색
립 글로스 : 반짝이는 포도색
m o d e l : marisol

조언

대부분 결혼식에는 어둡고 진한 입술 바르는 것을 피한다. 하지만 모델(marisol)의 평상시 메이크업 패턴을 고려해서 적용하였다. 결혼식 시간이 하루 중 어느 때인지도 고려하였으며 만약 아침이나 한낮의 결혼식이었다면 '절대' 어두운 입술로 만들지 않았을 것이다.

sparkling eye

결혼식 시간: 한낮/늦은 오후/저녁
아이 메이크업: 스파클링 아이(페이지 196)
아 이 섀 도: 하이라이트 : 광택이 없는 살색
반짝이는 살색
미드톤 : 광택이 없는 회갈색
컨투어 : 광택이 없는 짙은 갈색
아이라이너: 짙은 갈색
블 러 셔: 따뜻해 보이는 핑크색
립 라이너: 살색
립 스 틱: 따뜻해 보이는 핑크색
립 글로스: 크림빛 살색
model: kate

조언

시머 하이라이트 아이섀도가 가장 잘 보여지게 하려면 우선 매트 누드 컬러를 눈꺼풀에 바른 다음(베이스를 만들기 위해) 시머 하이라이트 아이섀도를 더 두드러져 보이도록 바른다. 세심하고 정교함을 표현하기 위해 속눈썹 라인을 강하게 그려 표현했다.

classic eye

결혼식 시간 : 아침/한낮/늦은 오후/저녁

아이 메이크업 : 클래식 아이(페이지 192)

아 이 섀 도 : 하이라이트 : 반짝이는 금색

미드톤 : 반짝이는 핑크빛 갈색

컨투어 : 광택이 없는 짙은 갈색

아이라이너 : 회색

블 러 셔 : 짙은 적갈색

립 라이너 : 따뜻해 보이는 갈색

립 스 틱 : 금빛 살색

립 글로스 : 반짝이는 보라

model : carol

조언

모델(carol)의 메이크업은 하루 중 어느 때에도 잘어울리는 클래식한 메이크업이다. 모델의 특징을 살려 클래식한 메이크업에 현대적 감각을 섞어 주었다. 모델이 그냥 아름답기만 하면 안 되지 않는가!

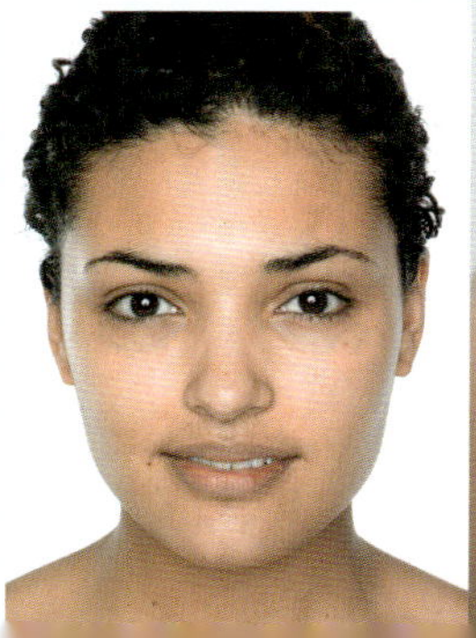

Natural beauty

결혼식 시간 : 아침/한낮/늦은 오후/저녁
아이 메이크업 : 내추럴(페이지 191)
아 이 섀 도 : 하이라이트 : 반짝이는 베이지
미드톤 : 광택이 없는 회갈색
컨투어 : 반짝이는 금빛 갈색
아이라이너 : 브론즈
블 러 셔 : 부드러운 살구색
립 라이너 : 따뜻해 보이는 연한 갈색
립 스 틱 : 따뜻해 보이는 핑크색
립 글로스 : 반짝이며 따뜻한 핑크색
model : jamie

조언

jamies의 메이크업은 심플하고 자연스럽다. 이것은 어떤 때에나 잘 어울린다. 속눈썹에 기본적으로 짙은 아이섀도 컬러를 펴 바른다. 이것은 jamies의 눈의 윤곽을 잡아줄 것이다. 그녀의 부드럽고 자연스러움을 유지시켜준다.

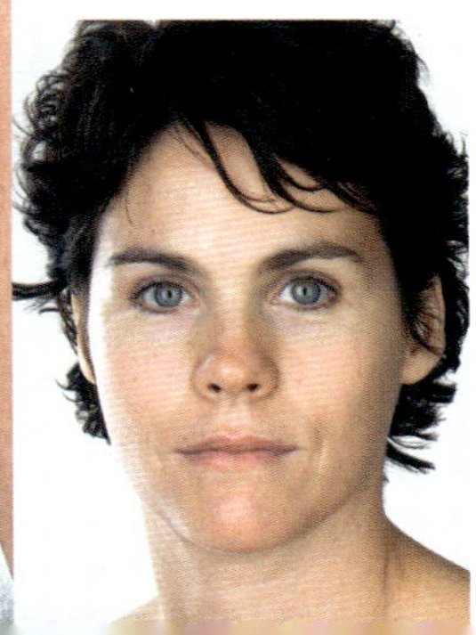

sparkling eye

결혼식 시간: 늦은 오후/저녁
아이 메이크업: 스파클링 아이(페이지 196)
아 이 섀 도: 하이라이트 : 반짝이는 베이지
미드톤 : 광택이 없는 연한 갈색
컨투어 : 광택이 없는 짙은 갈색
아이라이너: 짙은 갈색
블 러 셔: 짙은 갈색
립 라이너: 따뜻해 보이는 연한 갈색
립 스 틱: 부드러운 복숭아색
립 글로스: 반짝이는 산호색
model: gayle

조언

광택감있는 컬러의 하이라이트를 효과적으로 표현하려면, 먼저 매트한 누드 컬러의 아이섀도를 눈꺼풀 위에 바른 다음(베이스 효과) 그 위에 하이라이트를 바르면 색감이 잘 표현되고 유지시킬 수 있다. 보통 광택감있는 컬러는 어느 때나 사용할 수 있지만 늦은 오후나 밤 메이크업 시 사용하는 것이 더 효과적이다.

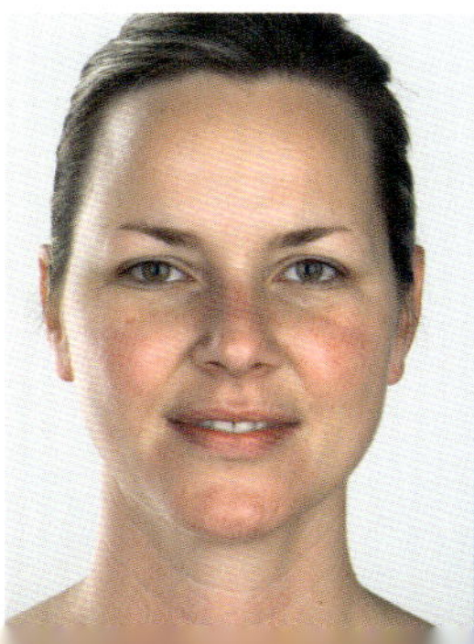

natural beauty

결혼식 시간 : 한낮/늦은 오후/저녁
아이 메이크업 : 내추럴(페이지 191)
아 이 섀 도 : 하이라이트 : 반짝이는 금빛색
미드톤 : 광택이 없는 적갈색
컨투어 : 반짝이는 자주색
아이라이너 : 짙은 갈색
블 러 셔 : 짙은 적갈색
립 라이너 : 자주색
립 스 틱 : 짙은 포도색
립 글로스 : 반짝이는 포도색
m o d e l : maxine

조언

모델(maxine)의 메이크업을 위해 나는 그녀의 눈보다는 입술에 더 포인트를 주었다. 그렇게 하기 위해 좀 더 어둡고 풍부한 립 컬러와 약간 부드러운 아이섀도 컬러를 선택했다.

smoky eye

결혼식 시간:	늦은 오후/저녁
아이 메이크업:	스모키 아이(페이지 195)
아 이 섀 도:	하이라이트 : 반짝이는 살색 미드톤 : 광택이 없는 살색 컨투어 : 광택이 없는 적갈색
아이라이너:	짙은 갈색
블 러 셔:	부드러운 복숭아색
립 라 이 너:	따뜻해 보이는 연한 갈색
립 스 틱:	부드러운 복숭아색
립 글 로 스:	반짝이는 산호색
m o d e l:	missy

조언

일반적으로 신부가 저녁 결혼식에 스모키 아이를 하도록 하지만 부드러운 아이섀도를 선택해 눈의 형태를 잡아 주었다. 이 신부는 오후 늦은 시간에 결혼식을 하므르 눈매를 부드럽게 하여 신부가 너무 강한 인상을 주지 않도록 한다.

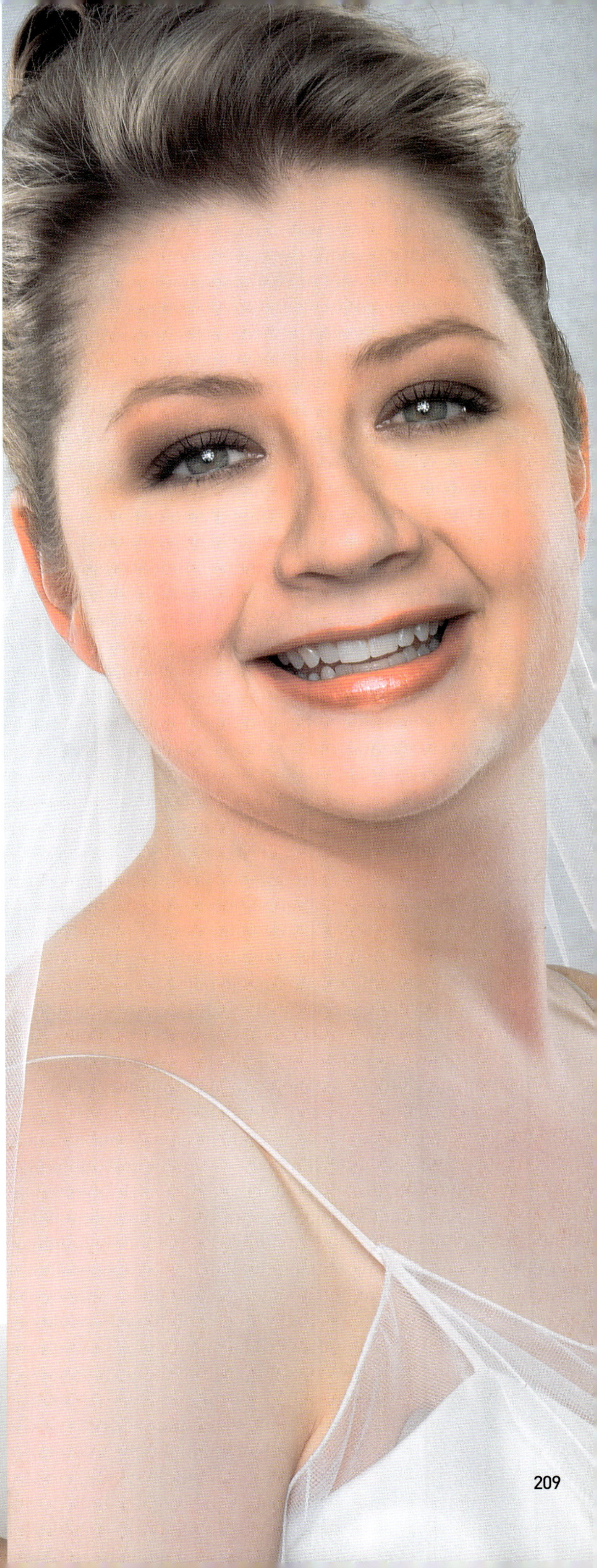

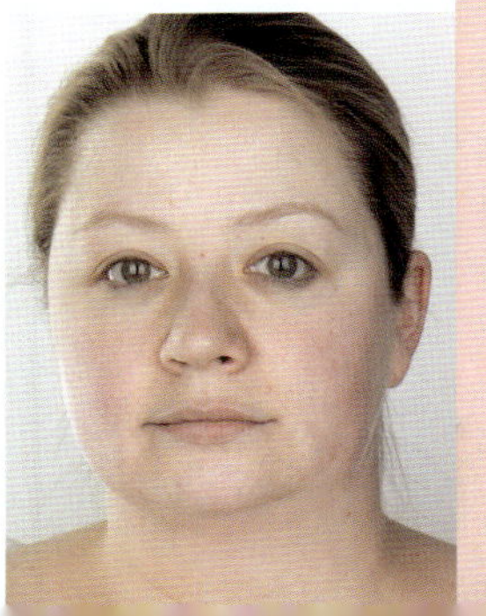

sparkling eye

결혼식 시간 : 아침/한낮/늦은 오후/저녁
아이 메이크업 : 스파클링 아이(페이지 196)
아 이 섀 도 : 하이라이트 : 광택이 없는 살색
반짝이는 살색
미드톤 : 광택이 없는 회갈색
컨투어 : 광택이 없는 적갈색
블 러 셔 : 짙은 갈색
립 라 이 너 : 짙은 산호색
립 스 틱 : 따뜻해 보이는 핑크
립 글 로 스 : 반짝이는 산호색
m o d e l : kate

조언

시머 하이라이트 아이섀도를 가장 잘보이게 하려면 우선 매트 누드 컬러를 눈꺼풀에 바른 다음(베이스를 만들기 위해) 시머 하이라이트 아이섀도를 바른다. 아이라이너를 사용하지 않고 대신에 신부의 눈 윤곽을 따라 컨투어 아이섀도를 눈꺼풀 위에 두껍고 짙게 발라주었다. 아름다워 보이고 어느 때나 잘 어울린다.

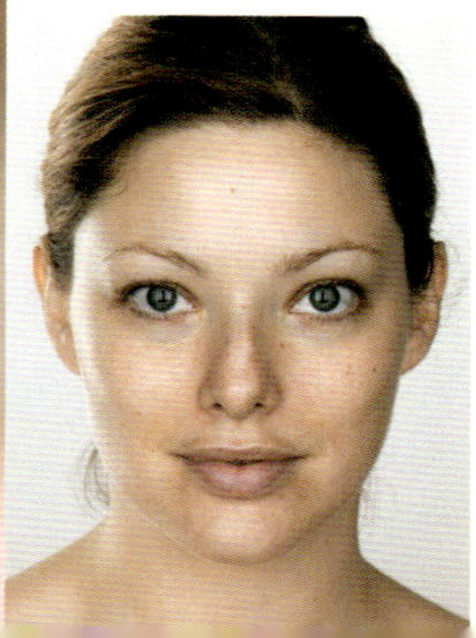

sparkling eye

결혼식 시간 : 아침/한낮/늦은 오후
아이 메이크업 : 스파클링 아이(페이지 196)
아 이 섀 도 : 하이라이트 : 반짝이는 금빛
미드톤 : 광택이 없는 연한 갈색
컨투어 : 짙은 갈색
립 라 이 너 : 살색
립 스 틱 : 핑크빛 살색
립 글 로 스 : 크림빛 살색
m o d e l : nonna

조언

부드러운 인상을 표현하기 위해 같은 색을 여러가지 톤을 다르게 하여 사용했다. 미묘한 아이 메이크업을 위해 하이라이트와 미드톤을 사용하고 아이라이너를 사용하지 않았다. 좀 더 눈의 선명도를 높이기 위해 단순히 속눈썹 라인에 미드톤의 아이섀도를 굵고 어둡게 표현했다. 단색의 미묘한 메이크업을 하기 위하여 미묘한 블러셔 그리고 립을 같은 색상으로 한다. 전체적으로 부드럽고 자연스러우며 깊이감있는 인상을 준다.

Natural beauty

결혼식 시간 :	아침/한낮/늦은 오후/저녁
아이 메이크업 :	내추럴(페이지 191)
아 이 섀 도 :	하이라이트 : 반짝이는 살색 미드톤 : 광택이 없는 살색 컨투어 : 반짝이는 금빛 갈색
아이라이너 :	브론즈
블 러 셔 :	부드러운 복숭아색
립 라이너 :	살색
립 스 틱 :	핑크빛 살색
립 글로스 :	반짝이는 산호색
model :	glenna

조언

여기 소개된 메이크업을 신부에게 했을 때 미묘한 아름다움을 표현하는 실패하지 않을 것이다. glenna 에게 부드럽고 따뜻하며 자연스러운 색상을 눈에서 입술까지 발랐다. 모델의 고유한 아름다움을 살리면서 정교함을 표현해냈다!

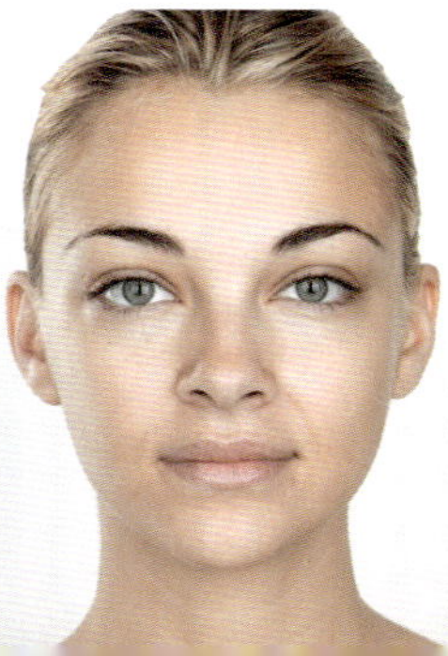

Natural beauty

결혼식 시간 : 늦은 오후/저녁
아이 메이크업 : 내추럴(페이지 191)
아 이 섀 도 : 하이라이트 : 반짝이는 살색
미드톤 : 광택이 없는 회갈색
컨투어 : 반짝이는 금빛 갈색
아이라이너 : 짙은 갈색
블 러 셔 : 짙은 갈색
립 라 이 너 : 따뜻해 보이는 핑크
립 스 틱 : 따뜻해 보이는 살색
립 글 로 스 : 반짝이는 보라색
model : fabiana

조언

약간 진한 립 컬러를 선택했기 때문에 이 메이크업은 늦은 오후나 저녁에 잘 맞는다. 만약 입술 컬러를 약간 약하게 한다면 이 메이크업은 하루 중 어느 때에도 잘 어울릴 것이다. 모델 이미지에 맞게 드라마틱하게 연출하였다.

Natural beauty

결혼식 시간 : 한낮/늦은 오후/저녁
아이 메이크업 : 내추럴(페이지 191)
아 이 섀 도 : 하이라이트 : 반짝이는 금빛
미드톤 : 광택이 없는 회갈색
컨투어 : 반짝이는 초콜릿 색
아이라이너 : 브론즈
블 러 셔 : 부드러운 복숭아색
립 라이너 : 짙은 산호색
립 스 틱 : 부드러운 복숭아색
립 글로스 : 반짝이는 산호색
model : joy

조언

모델의 피부의 결점을 커버한 메이크업이다. 그리고 모델(joy)에게 전체적으로 글래머스러움을 나타냈다. Joy는 실존하는 달콤하고 사랑스런 여신으로 나는 그녀가 그녀의 특별한 날 우주의 주인공이 되도록 만들어주고 싶었다. 그래서 매우 자연스러운 색상을 선택하여 드라마틱하게 만들어주기 위해 조금 강도있게 시술하였다. 이 메이크업은 어떤 신부에게도 잘 어울리지만 중요한 것은 "공주 joy"에게 완벽한 메이크업이라는 것이다.

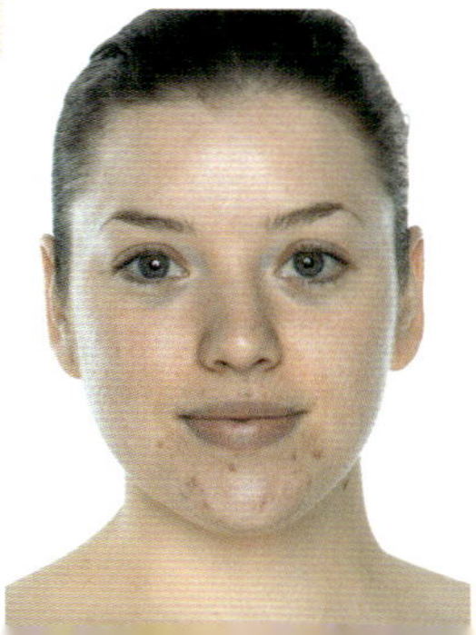

Natural beauty

결혼식 시간 : 아침/한낮/늦은 오후/저녁
아이 메이크업 : 내추럴(페이지 191)
아 이 섀 도 : 하이라이트 : 반짝이는 살색
미드톤 : 광택이 없는 산호색
컨투어 : 반짝이는 금빛 갈색
아이라이너 : 브론즈
블 러 셔 : 따뜻해 보이는 핑크
립 라 이 너 : 따뜻해 보이는 갈색
립 스 틱 : 부드러운 복숭아색
립 글 로 스 : 반짝이며 따뜻해 보이는 핑크
m o d e l : susan

조언

미묘하고 자연스러운 색상를 선택하는 것이 하루 중 어느 때에도 잘 어울리는 메이크업을 만들 수 있게 한다. 브론즈를 먼저 바른 다음 susan의 얼굴을 부드럽고 빛나게 해줄 블러셔를 선택하였다. 아름다운 피부는 항상 예쁜 사진을 만든다.

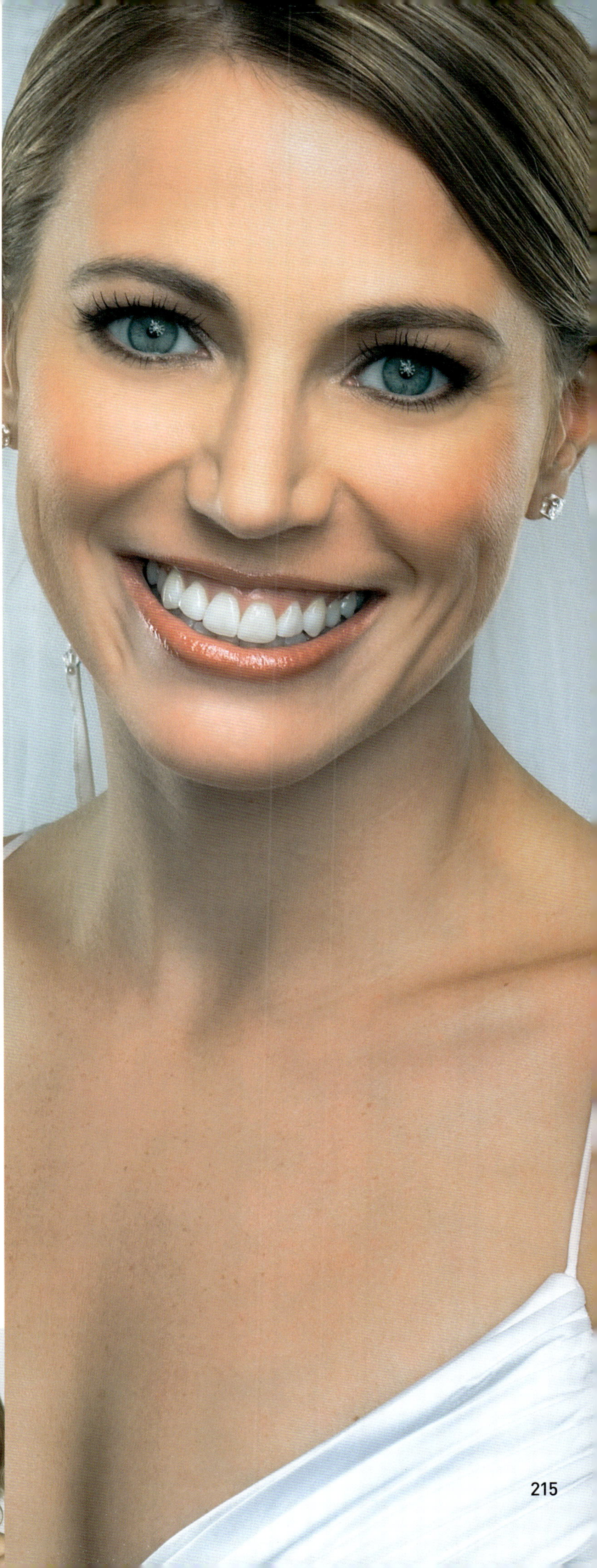

Natural beauty

결혼식 시간 : 늦은 오후/저녁
아이 메이크업 : 내추럴(페이지 191)
아 이 섀 도 : 하이라이트 : 광택이 없는 모래색
미드톤 : 광택이 없는 적갈색
컨투어 : 광택이 없는 챠콜
아 이 라 이 너 : 챠콜
블 러 셔 : 진한 적갈색
립 라 이 너 : 따뜻해 보이는 연한 갈색
립 스 틱 : 금빛 살색
립 글 로 스 : 반짝이는 보라색
m o d e l : kim

조언

모델 kim의 메이크업에 좀 더 드라마틱함을 표현하고 싶었다. 그래서 매우 강한 아이섀도 컨투어 컬러를 선택하여 그녀의 눈에 포인트를 주었다. 드라마틱 해 보이는 눈을 하고 있으면 입술 컬러는 섬세하고 아름다워야 하므로 립스틱을 사용하지 않고 글로스를 사용하여 컬러를 연출하였다.

Natural beauty

결혼식 시간 : 아침/한낮/늦은 오후/저녁
아이 메이크업 : 내추럴(페이지 191)
아 이 섀 도 : 하이라이트 : 반짝이는 살색
미드톤 : 광택이 없는 진한 회갈색
컨투어 : 반짝이는 초콜릿색
아이라이너 : 진한 갈색
블 러 셔 : 진한 갈색
립 라 이 너 : 살색
립 스 틱 : 부드러운 복숭아색
립 글 로 스 : 반짝이며 따뜻해 보이는 핑크
m o d e l : tiffany

조언

모델 Tiffany을 공주를 연상할 수 있게 연출하였다. 그녀의 메이크업은 하루 중 어느 시간에도 잘 어울리는 스타일이다. 머리에는 티아라(tiara)로 장식하였으며 피부에 브론즈로 많은 컬러와 빛을 주었다. 약간의 컬러를 가미함으로써 피부에 깊이감을 주어 사진이 잘 찍히고 저녁에 플래시를 사용하여도 괜찮다.

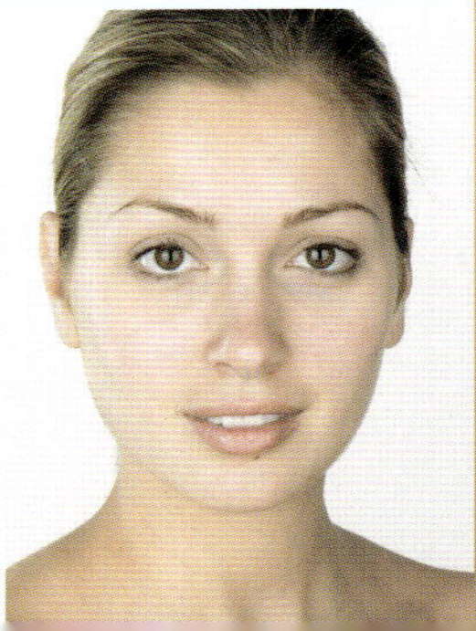

Natural beauty

결혼식 시간 : 늦은 오후/저녁

아이 메이크업 : 내추럴(페이지 191)

아 이 섀 도 : 하이라이트 : 반짝이는 베이지
미드톤 : 광택이 없는 회갈색
컨투어 : 광택이 없는 진한 갈색

아 이 라 이 너 : 진한 갈색

블 러 셔 : 진한 갈색

립 라 이 너 : 살색

립 스 틱 : 핑크빛 살색

립 글 로 스 : 반짝이는 산호색

m o d e l : sylvia

조언

일반적으로 Sylvia 같은 메이크업은 한낮에 잘 어울린다 하지만 강한 컨투어 아이섀도를 사용하여 메이크업이 늦은 오후나 저녁에도 잘 어울리게 하였다. 또한 내가 눈을 강조하였기 때문에 볼과 입술은 세밀하게 표현하였다.

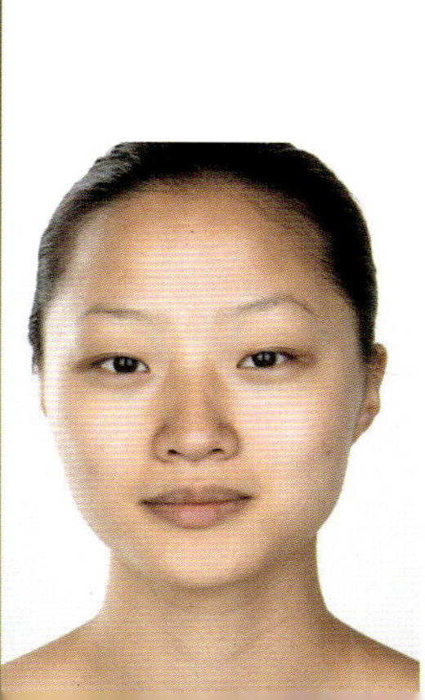

Natural beauty

결혼식 시간 : 아침/한낮/늦은 오후/저녁
아이 메이크업 : 내추럴(페이지 191)
아 이 섀 도 : 하이라이트 : 반짝이는 살색
미드톤 : 광택이 없는 회갈색
컨투어 : 반짝이는 금빛 갈색
아 이 라 이 너 : 브론즈
블 러 셔 : 부드러운 적갈색
립 라 이 너 : 따뜻해 보이는 연한 갈색
립 스 틱 : 따뜻해 보이는 연한 핑크
립 글 로 스 : 반짝이는 산호색
m o d e l : alyssa

조언

모델 alyssa의 메이크업은 부드럽고 세심한 피부표현을 사용했기 때문에 하루 중 어느 때라도 잘 어울린다. 이 메이크업이 얼굴의 어느 특정한 부분에만 주의를 집중 시키지 않기 때문에 자연스럽고 아름답다. 대신 이 컬러는 얼굴의 다른 부분에도 모두 부드럽고 미묘하게 해준다.

Natural beauty

결혼식 시간 : 아침/한낮/늦은 오후/저녁
아이 메이크업 : 내추럴(페이지 191)
아 이 섀 도 : 하이라이트 : 반짝이는 살색
미드톤 : 광택이 없는 회갈색
컨투어 : 광택이 없는 금빛 갈색
블 러 셔 : 진한 갈색
립 라 이 너 : 살색
립 스 틱 : 반짝이는 산호색
립 글 로 스 : 시머 코럴
m o d e l : kate

조언

얼굴의 아름다움에 완벽한 균형과 정교함을 주기 위하여 하나의 특성을 과장하지 않고 각각의 특성을 살렸다. 아이라이너를 바르는 대신에 컨투어 아이섀도를 사용하여 kate의 눈을 속눈썹 라인을 따라 정교화하였다. 그리고 두껍고 멋진 속눈썹을 잊지 말라!

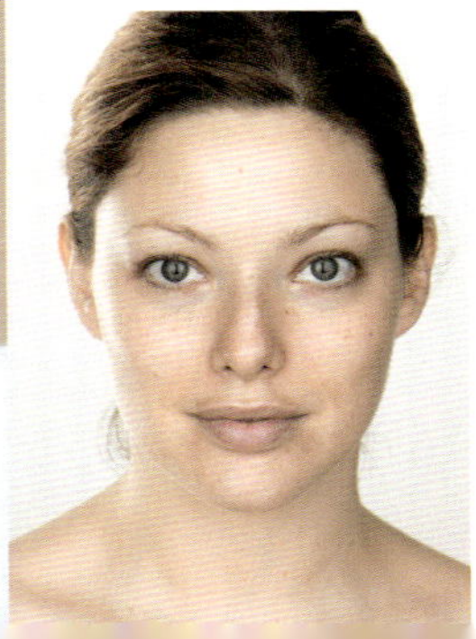

sparkling eye

결혼식 시간 : 아침/한낮/늦은 오후/저녁
아이 데이크업 : 스파클링 아이(페이지 196)
아 이 섀 도 : 하이라이트 : 광택이 없는 살색
반짝이는 베이지
미드톤 : 광택이 없는 장미색
컨투어 : 광택이 없는 진한 회갈색
블 러 셔 : 따뜻해 보이는 핑크
립 라 이 너 : 살색
립 스 틱 : 따뜻해 보이는 핑크
립 글 로 스 : 크림빛 살색
m o d e l : poppi

조언

시머 하이라이트 아이섀도가 가장 잘 보이게 하기 위해 먼저 매트 누드 컬러를 눈꺼풀에 바르고(베이스를 만들기 위해) 그런 다음 시머 하이라이트 아이섀도로 강조한다. 이 메이크업을 궁극적으로 자연스럽게 보이도록 하려면 컨투어 아이섀도로 속눈썹 라인을 정교하게 해주고 풍성해 보이고 진한 속눈썹을 만든다.

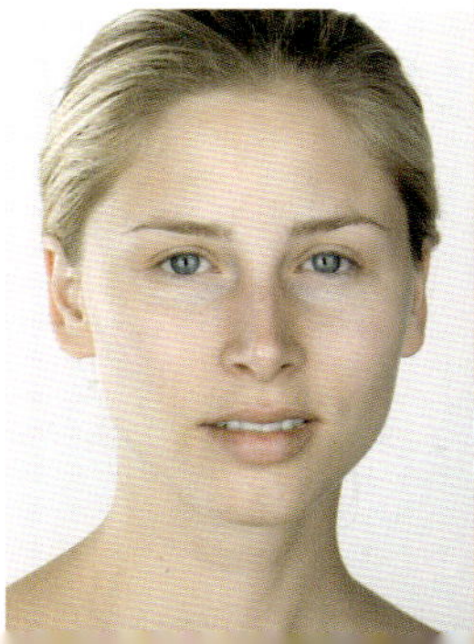

Natural beauty

결혼식 시간 : 늦은 오후/저녁
아이 메이크업 : 내추럴(페이지 191)
아 이 섀 도 : 하이라이트 : 반짝이는 살색
미드톤 : 광택이 없는 회갈색
컨투어 : 반짝이는 보라색
아이라이너 : 보라색
블 러 셔 : 부드러운 복숭아색
립 라이너 : 살색
립 스 틱 : 핑크빛 살색
립 글로스 : 크림빛 살색
m o d e l : glenna

조언

좋다, 나는 더 이상 기다릴 수가 없다! 나는 약간의 재미와 컬러가 필요하다. 그러나 glenna의 얼굴에 약간의 컬러를 가미하면 그녀의 메이크업이 하루 어느 시간 때에 적당할지에 대한 한계가 생긴다. 이 메이크업은 글래머러스한 컬러를 즐길 수 있는 신부에게 가장 잘 어울린다.

Natural beauty

결혼식 시간 : 늦은 오후/저녁
아이 메이크업 : 내추럴(페이지 191)
아 이 섀 도 : 하이라이트 : 반짝이는 금빛색
미드톤 : 광택이 없는 적갈색
컨투어 : 반짝이는 보라색
아이라이너 : 챠콜
블 러 셔 : 진한 적갈색
립 라이너 : 따뜻해 보이는 연한 갈색
립 스 틱 : 금빛 갈색
립 글로스 : 크림빛 살색
model : cynthia

조언

드라마, 드라마, 드라마 – 때론 이 메이크업이 유일한 방법이다! 이 메이크업으로 cynthia는 완전히 매력적이 된다. 나는 단지 당신이 드라마틱하게 만들고자 할 때는 항상 입술을 부드럽고 자연스럽게 표현해야 한다는 것을 강조하고자 한다. 그리고 글로시하고 빛나게 만든다. 그러면 모든 남자가 키스하고 싶은 입술이 된다!

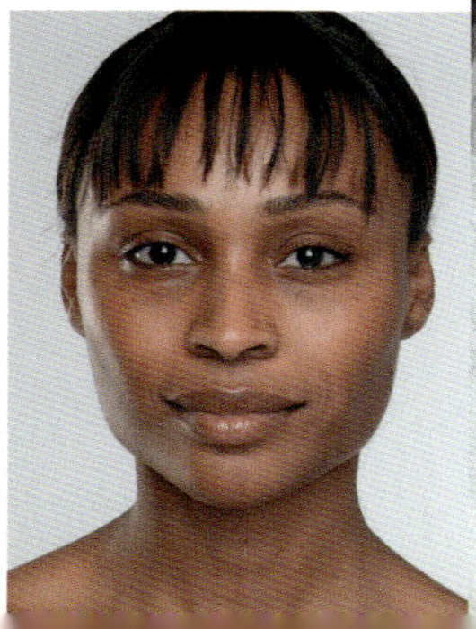

smoky eye

결혼식 시간 :	저녁
아이 메이크업 :	스모키 아이(페이지 195)
아 이 섀 도 :	하이라이트 : 반짝이는 살색 미드톤 : 광택이 없는 회갈색 컨투어 : 반짝이는 보라색
아 이 라 이 너 :	보라색
블 러 셔 :	부드러운 적갈색
립 라 이 너 :	살색
립 스 틱 :	부드러운 복숭아색
립 글 로 스 :	반짝이는 산호색
m o d e l :	lauren

조언

신부는 관심의 중심이 되어야 하며 lauren은 반드시 그렇게 될 것이다! 이 메이크업은 내가 오로지 저녁 결혼식 만을 위해 사용하는 메이크업이다. 나는 이 메이크업에 브론즈 컬러를 사용하지 않았을 거다. 그러나 lauren의 컬러 때문에 그녀에게 잘 어울린다.

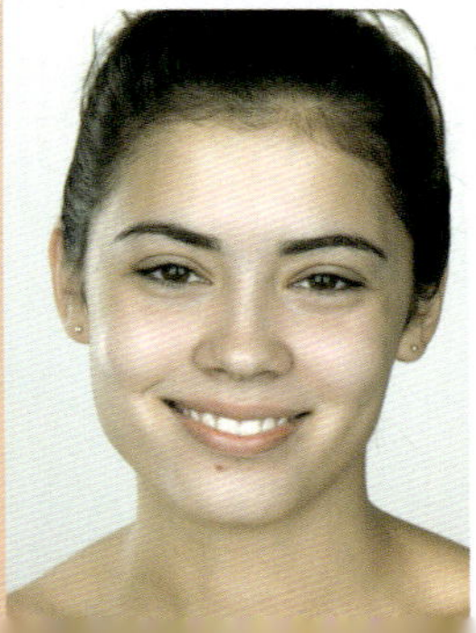

smoky eye

결혼식 시간 : 저녁
아이 메이크업 : 스모키 아이(페이지 195)
아 이 섀 도 : 하이라이트 : 반짝이는 금색
미드톤 : 광택이 없는 회갈색
컨투어 : 광택이 없는 회색
아이라이너 : 회색
블 러 셔 : 따뜻해 보이는 핑크
립 라 이 너 : 살색
립 스 틱 : 핑크빛 살색
립 글 로 스 : 반짝이는 산호색
model : nonna

→조언

nonna는 스모키 아이메이크업을 한 신부의 완벽한 샘플이다. 나는 심플하면서도 자연스러운 컬러를 사용하여 스모키 아이가 미묘해 보이도록 표현했다. 당신은 드라마틱함을 불러일으킬 수 있다. 이 메이크업은 저녁 신부에게만 어울린다. 완벽한 균형을 위해서 부드럽고 자연스러운 누드 입술을 잊지 마라.

sparkling eye

결혼식 시간 :	늦은 오후/저녁
아이 메이크업 :	스파클링 아이(페이지 196)
아 이 섀 도 :	하이라이트 : 광택이 없는 살색 반짝이는 베이지
	미드톤 : 광택이 없는 회갈색 컨투어 : 광택이 없는 적갈색
아 이 라 이 너 :	진한 갈색
블 러 셔 :	따뜻해 보이는 핑크
립 라 이 너 :	살색
립 스 틱 :	부드러운 복숭아색
립 글 로 스 :	반짝이는 산호색
m o d e l :	kiley

조언

눈에 시머 하이라이트 아이섀도를 가장 잘 표현하려면 매트 누드 컬러를 눈꺼풀에 먼저 바르고(베이스를 만들기 위해) 그런 다음 시머 하이라이트 아이섀도를 균일하게 두드러지게 바른다. 라이너와 굵고 어두운 속눈썹으로 눈을 잘 정교화한다. 일반적으로 이 메이크업은 한낮에 잘 어울리지만 내가 어두운 컨투어 아이섀도를 선택하고 어두운 라이너를 사용했기 때문에 늦은 오후나 저녁이 더 좋을 것이다.

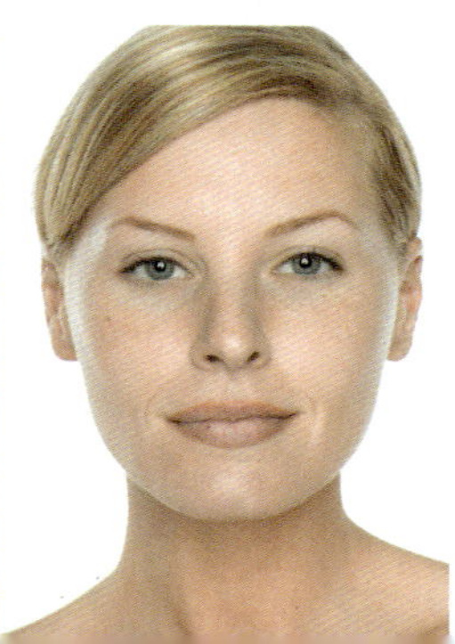

smoky eye

결혼식 시간: 저녁
다이 메이크업: 스모키 아이(페이지 195)
아 이 섀 도: 하이라이트 : 반짝이는 살색
미드톤 : 광택이 없는 진한 회갈색
컨투어 : 광택이 없는 진한 적갈색
아이라이너: 진한 갈색
블 러 셔: 진한 갈색
립 라이너: 따뜻해 보이는 연한 갈색
립 스 틱: 부드러운 복숭아색
립 글로스: 반짝이는 보라색
model: eleanor

조언

이 날에는 글래머러스 해 보이도록 하는 것이 내 목표다. 나는 풍부하고 미묘한 컬러로 모든 사람들이 알아볼 만한 메이크업을 만들어내도록 스모키 아이를 선택했다. 너무 어두운 아이섀도를 선택하지 않음으로써 과장하지 않고 드라마틱함을 얻을 수있다. 나는 드라마틱한 아이섀도 때문에 미묘한 입술 표현이 필요하다. 그래서 부드러운 자연스러운 립스틱으로 시머가 있는 시어 베리 글로스를 그 위에 발랐다. 이렇게 하면 입술이 컬러를 많이 바르지 않아도 약간 깊어 보인다.

chapter 5 | last but not least
이 책에 관하여

이 책을 읽은 후, 나는 신부의 미를 표현해 줄 가장 알맞은 메이크업을 찾아내었을 것이라고 생각한다. 당신이 배운 모든 것은 신부가 가장 아름답도록 하여 신부 일생에서 가장 특별한 날에 신부를 자신있게 해주기 위함이다. 만약 기본적인 메이크업을 더 배우고 싶다면 나의 makeup makeovers. Makeup makeovers를 읽어 보라.

Makeup makeovers는 간단하게 제품을 설명함으로써 메이크업 기술을 설명해 두었다. 모델의 특징을 살릴 만한 가장 알맞은 메이크업을 찾도록 도와주고 파운데이션, 아이섀도, 블러셔, 립스틱 그리고 컨실러를 바르는 손쉬운 방법을 가르쳐준다. 이 책은 당신이 그동안 가지고 있던 메이크업 관련 질문을 해결해 줄 수 있으며 모든 방법이 기초적이며 실전에서 사용될 수 있다.

이 책에서 언급한 대부분의 도구는 나의 웹사이트에서 구매 가능하고 내가 선호하는 메이크업 액세서리도 있다.

또한 메이크업이 아름다움을 위한 것이며 아름다운 메이크업은 여러분이 선택한 컬러를(어디에 바르느냐, 얼마나 바르느냐가 아니라)를 의미한다는 것을 상기시키고 싶다.

메이크업은 여성 개인의 특징을 강조하고 하이라이트 하는 것이다. 결점에 초점을 주는 대신에 어떻게 장점에 초점을 두는지를 배워라. 여성이 아름다운 것을 기억하고 더 일찍 그것을 발견하여 개인적 미를 축하한다면 더 행복하고 자신감있게 될 것이라는 것을 기억하라.

저자에 관하여

뷰티 전문가인 Robert Jones는 simple beaute의 창시자이며 존경받는 세계적 헤어 메이크업 아트스트이다. Houston Museum of Fine Arts에서 페인터로 공식적으로 훈련받고 예술가적 안목을 그의 작품에 심어 놓았으며 세계적으로 명성있는 얼굴에 라이트하고 언더톤하게 하라는 규칙을 적용했다.
Robert의 작품은 Marie Claire, Allure, In style, Jane, Elle, Shape, Elegant Bride, Modern bride, 및 수많은 패션 카탈로그와 매거진에 수록되었다. 그는 수많은 락 스타에서 영화배우까지 수많은 유명인 잡지 촬영을 도맡고 있다. 그는 또한 흥미롭고 화려한 유명 인사 결혼식을 담당하기도 한다.

Robert는 Mary Kay Inc., Neiman Marcus, Bergdorf Goodman, Lord and Taylor, Watters and Watters 및 다른 것들의 고객이다. 그는 Makeupn makeovers의 저자이며 모든 연령의 여성들의 가장 좋은 특징을 정교화해 주고 그들의 자존감을 높여 자신 있게 해주는 것을 도와주는 뷰티 핸드북을 디자인했다. 그는 그의 시간의 뉴욕과 달라스로 나누어 다양한 패션 사진과 사업 프로젝트를 위해 일하고 있다.

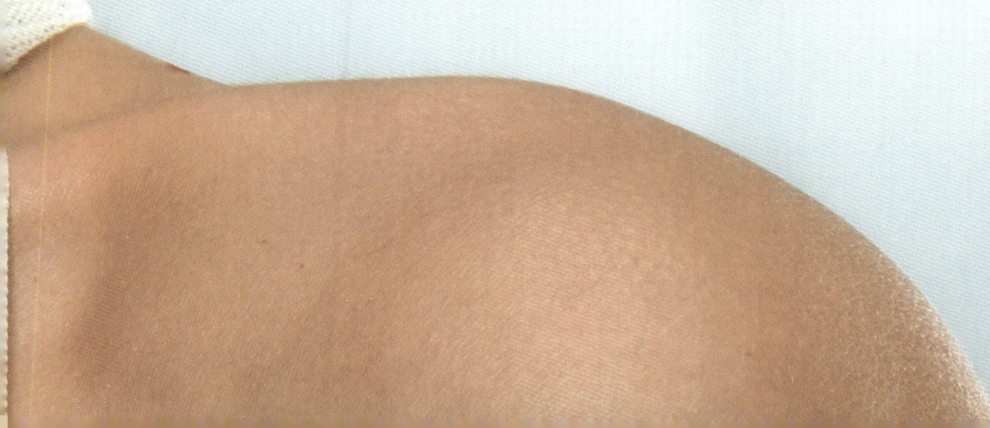